Adilson Silva
Klaus Reichardt
Tony Vyn

Impactos do azoto no rendimento do milho em ambientes de stress contrastantes

Adilson Silva
Klaus Reichardt
Tony Vyn

Impactos do azoto no rendimento do milho em ambientes de stress contrastantes

Imprint

Any brand names and product names mentioned in this book are subject to trademark, brand or patent protection and are trademarks or registered trademarks of their respective holders. The use of brand names, product names, common names, trade names, product descriptions etc. even without a particular marking in this work is in no way to be construed to mean that such names may be regarded as unrestricted in respect of trademark and brand protection legislation and could thus be used by anyone.

Cover image: www.ingimage.com

This book is a translation from the original published under ISBN 978-3-659-85061-5.

Publisher:
Sciencia Scripts
is a trademark of
Dodo Books Indian Ocean Ltd. and OmniScriptum S.R.L publishing group

120 High Road, East Finchley, London, N2 9ED, United Kingdom
Str. Armeneasca 28/1, office 1, Chisinau MD-2012, Republic of Moldova, Europe
Printed at: see last page
ISBN: 978-613-9-47633-6

ÍNDICE DE CONTEÚDO

RESUMO

Impactos do azoto no rendimento do milho e na eficiência da utilização de nutrientes em ambientes de stress contrastantes

A fertilização com azoto (N) e o stress hídrico têm grande influência no rendimento de grãos do milho, pelo que os estudos sobre genótipos e tecnologias de gestão são muito importantes para aumentar a produção de milho. Este estudo é apresentado em três capítulos; os dois primeiros foram realizados nos Estados Unidos da América e o terceiro no Brasil. Os seguintes objectivos são abordados por esta ordem: (1) O objetivo principal era compreender quais as caraterísticas, se existirem, que diferem entre híbridos tolerantes à maturidade semelhante e híbridos não tolerantes à seca que governam a absorção e as concentrações de nutrientes sob diferentes tratamentos de gestão (densidades de plantas variadas (DP) e taxas de N) e a sua influência no rendimento de grãos (GY). (2) O objetivo principal foi investigar as respostas fisiológicas e de rendimento de híbridos de maturidade comparável tolerantes à seca e não tolerantes à seca (P1151 vs. P1162, e P1498 vs. 33D49) a diferentes densidades de plantas e taxas de N. (3) O objetivo principal foi investigar as respostas do milho a aplicações de N em diferentes estádios de desenvolvimento, utilizando fertilizante de ureia marcado isotopicamente (^{15}N). O objetivo secundário foi verificar as correlações entre as clorofilas e carotenóides com o índice SPAD (avaliado em V14 e V16) e todos estes parâmetros com a biomassa total (BM), índice de colheita (HI), GY e teor de N nos grãos. Os principais resultados para os objectivos 1 e 2 foram os seguintes: Todos os híbridos tiveram respostas semelhantes de GY aos factores de tratamento PD (perto de 79.000 versus perto de 100.000 plantas ha^{-1}) e taxa de N (de 0 a 269 kg N ha^{-1}). O híbrido 1 (AQUAmax™ P1151) demonstrou taxas fotossintéticas *(A)* e de transpiração *(E)* foliares semelhantes às do seu homólogo não tolerante à seca de maturidade semelhante, uma vez que o híbrido 2 (P1162) teve um índice de área foliar (LAI) mais elevado (nas fases R2 e R3) e um GY semelhante ao do híbrido 1. O híbrido AQUAmax™ P1498 manteve taxas *A* e *E* foliares mais elevadas do que o P33D49 durante o período de enchimento de grãos, demonstrando assim talvez uma melhor persistência na absorção de água pela raiz no final da estação. Não houve diferenciação de caraterística única na fotossíntese ou transpiração entre híbridos tolerantes à seca e não tolerantes à seca. O BM e o GY mais elevados na maturidade seguiram-se, em geral, a intervalos mais curtos entre a antese e o afilhamento e a uma maior acumulação de macronutrientes (P e S) na época da seca, pelo que estas caraterísticas parecem ser mecanismos importantes de tolerância à seca, independentemente da designação dos híbridos. As principais conclusões das investigações do objetivo 3: A cultura do milho respondeu de forma semelhante para o GY ao momento da aplicação de N. O teor de N nos grãos do fertilizante^{15}N e a absorção e eficiência do N foram maiores para aplicações precoces de N. Os valores de SPAD correlacionaram-se positivamente com a maioria das variáveis de pigmento em V16 em ambas as épocas, provando assim que o SPAD foi um instrumento eficiente de avaliação indireta de clorofilas e carotenóides em folhas de milho em estágios iniciais. A clorofila b em V16, estádio da amostra, foi positivamente correlacionada (P<0,05) com o teor de N dos grãos, GY e BM, e a clorofila total em V16 foi positivamente correlacionada com GY e teor de N dos grãos. No entanto, as clorofilas a e total, avaliadas em V14, foram negativamente correlacionadas com GY. Assim, a medição dos teores de clorofila e de pigmentos carotenóides deve ser feita após o estádio V14, quando os estudos visam avaliar as condições nutricionais da cultura e prescrever futuras práticas de produção de grãos.

Palavras-chave: Tempo e taxas de azoto; Densidade de plantas; Fotossíntese; Genótipos tolerantes à seca

1 INTRODUÇÃO

O milho (*Zea mays* L.) é um dos três grãos mais cultivados em termos de produção total de MT (tonelada métrica) no mundo, com aproximadamente 960 milhões de toneladas (FAO, 2013). Estados Unidos da América, China, Argentina e Brasil são os maiores produtores, respondendo por 70% da produção mundial (PIONEER, 2014). Para satisfazer a procura de alimentos para a população mundial em crescimento, é necessário um aumento significativo da produção mundial de cereais, especialmente nas culturas cultivadas nos países em desenvolvimento. O rendimento de grãos (GY) aumentou durante as últimas décadas em muitas partes do mundo como resultado de práticas agronómicas e do melhoramento genético da cultura do milho.

A melhoria na produção de milho nas últimas décadas, principalmente devido ao aumento da tolerância à intensidade de lotação, tem sido indiretamente acompanhada por um declínio na concentração de N nos grãos (%Ng) (DUVICK, 1997; CIAMPITTI; VYN, 2012). Por conseguinte, os ganhos ao longo do tempo na eficiência de utilização do N (NUE) (rácio rendimento versus N aplicado) (MOLL et al., 1982). O rendimento médio do milho nos EUA aumentou a uma taxa de 118 kg ha^{-1} yr^{-1} de 1930 a 2000, o GY aumentou de 1,5 Mg ha^{-1} na década de 1930 para 9,5 Mg ha^{-1} no período 2006-2008, e taxas semelhantes de melhoria foram observadas noutras partes do mundo (TOLLENAAR; LEE, 2011).

Além disso, o maior GY dos híbridos de milho mais recentes pode ter resultado num aumento concomitante da captação de recursos e/ou da eficiência de utilização dos recursos. Da mesma forma, os aumentos de GY podem ser explicados como resultado de uma maior tolerância dos híbridos a diferentes categorias de stresses ambientais associados à utilização eficiente de nutrientes e a densidades de plantas mais elevadas. A disponibilidade limitada de água (seca) é o principal fator de stress que limita a produção das culturas (SEGHATOLESLAMI KAFI.; MAJIDI, 2008; GOLBASHY et al., 2010). A seca é uma restrição permanente à produção agrícola em muitos países em desenvolvimento e uma causa ocasional de perdas de produção agrícola em países desenvolvidos (GOLBASHY et al., 2010).

Nalguns anos, o rendimento pode ser significativamente reduzido por limitações hídricas transitórias de tempo, duração e gravidade variáveis. Muitas destas limitações hídricas têm um impacto menor a moderado no rendimento. No entanto, nalguns anos, pode ocorrer uma seca generalizada e contínua que reduz substancialmente o rendimento dos cereais numa vasta área (BOYER et al., 2013). Quando o milho se depara com défices hídricos, verifica-se um declínio na fotossíntese por planta. Isso pode ser devido a uma redução na intercetação de luz à medida que a expansão foliar é reduzida ou à medida que as folhas senescem, e a reduções na fixação de C por unidade de área foliar à medida que os estômatos se fecham ou à medida que a foto-oxidação danifica o mecanismo fotossintético (LEUNG; GIRAUDAT, 1998; MUGO; BÄNZIGER.; EDMEADES,

2000). Portanto, um dos principais objetivos nos programas de melhoramento genético é a seleção dos melhores genótipos em condições de estresse hídrico (RICHARDS et al., 2002; MORADI et al., 2012). Consequentemente, as empresas de sementes, em resposta a esses problemas, aplicam diversas estratégias para melhorar a tolerância das culturas ao estresse hídrico (COOPER et al., 2014).

Pesquisas anteriores estudaram os efeitos fisiológicos do estresse hídrico em milho (SANCHEZ et al., 1983; ÇAKIR, 2004; MARKELZ; OSTERMAN; MITCHELL, 2011), bem como caraterísticas fisiológicas que podem conferir maior tolerância à seca (BĂZINGER et al., 2000; CAMPOS et al., 2006; LOPES et al., 2011). Portanto, há poucas publicações de pesquisas públicas e focadas em fisiologia que tenham investigado esses híbridos tolerantes à seca lançados recentemente.

O rendimento de grãos é uma caraterística complexa e depende de muitos factores, incluindo o crescimento vigoroso, o fornecimento adequado de água e nutrientes, a melhoria da interceção da radiação solar e a conversão em energia química, bem como a melhoria da genética (RUSSELL, 1991). A eficiência do uso de nutrientes, principalmente do nitrogênio (N), é um fator importante para a produção de milho, pois o estresse de N reduz o rendimento de grãos ao atrasar o crescimento e o desenvolvimento da planta (UHART; ANDRADE, 1995) e reduzir o índice de área foliar, a duração da área foliar e a taxa fotossintética (SINCLAIR; HORIE, 1989; CONNOR et al., 1993), entre outros fatores negativos.

As técnicas de gestão e as abordagens de melhoramento para a eficiência da utilização de N diferem em diferentes condições de produção e regiões do mundo. Por conseguinte, a compreensão do processo que rege a absorção de N pelas culturas e a sua distribuição nas plantas é da maior importância para otimizar a produção agrícola com um consumo mínimo de N (CASSMAN et al., 2002). Estudos sobre a absorção e partição de macro e micronutrientes, tais como N, P, K e S e Zn, Fe, Mn e Cu para híbridos de milho modernos são também importantes para compreender os mecanismos que regem a assimilação de nutrientes e a sua influência no rendimento dos grãos em diferentes condições ambientais.

Para os estudos de gestão do N, é também importante prestar atenção aos métodos de avaliação deste nutriente na planta. Os métodos tradicionais utilizados para determinar a quantidade de clorofila na folha requerem a destruição de amostras de tecido e muito trabalho nos processos de extração e quantificação. O desenvolvimento de um medidor portátil de clorofila, que permite medições instantâneas da quantidade de N correspondente ao seu conteúdo na folha sem destruí-la, é uma alternativa para estimar o conteúdo relativo desses pigmentos na folha (DWYER et al., 1991; ARGENTA et al, 2001). O conhecimento sobre a efetiva influência dos fatores que determinam o desempenho da planta pode contribuir decisivamente para minimizar o estresse causado pela deficiência de nitrogênio. Assim, é de extrema importância a obtenção de mais revisões relacionadas à correlação entre o teor real de clorofila e carotenóides reais com os valores obtidos por medidas indiretas de clorofila (SPAD) nos estádios iniciais de desenvolvimento do milho.

Este estudo é apresentado em três capítulos. Os dois primeiros foram desenvolvidos nos Estados Unidos da América e o terceiro no Brasil. Os seguintes objectivos são apresentados por esta ordem: (1) o objetivo primário era compreender quais as caraterísticas, caso existam, que diferem entre híbridos semelhantes tolerantes à maturidade e híbridos não tolerantes à seca que governam a absorção e as concentrações de nutrientes sob diferentes tratamentos de gestão (densidades de plantas variadas e taxas de N) e a sua influência no GY. O segundo objetivo era avaliar se os híbridos tolerantes à seca têm uma eficiência global de recuperação e utilização de N mais elevada, se produzem mais grãos por unidade de absorção de nutrientes em toda a planta e se alcançam índices e eficiência interna de N, P, K e S mais elevados, em comparação com os híbridos não tolerantes à seca em densidades de plantas e taxas de N variadas. (2) O objetivo principal era investigar as respostas fisiológicas e de rendimento de híbridos comparáveis tolerantes à seca e não tolerantes à seca (P1151 vs. P1162, e P1498 vs. 33D49) a diferentes densidades de plantação e taxas de N. O objetivo secundário foi examinar especificamente as taxas de fotossíntese foliar (A) e transpiração (E) dos híbridos ao longo da estação de crescimento em resposta a tratamentos variados de PD e taxas de N. (3) O objetivo principal foi investigar as respostas do milho à aplicação de azoto, fertilizante de ureia (^{15}N), em adubação lateral em diferentes estádios de desenvolvimento. O objetivo secundário foi: verificar a correlação entre as clorofilas e carotenóides com o índice SPAD e destes com a biomassa total, índice de colheita (HI), rendimento de grãos (GY) e teor de N nos grãos em resposta à aplicação de azoto em diferentes estádios de desenvolvimento.

1.1 Revisão da literatura

1.1.1 Importância da cultura do milho para o Brasil

A produção de milho no Brasil apresenta uma taxa de crescimento de cerca de 4% ao ano. Cultivado em diferentes sistemas de cultivo, o milho é cultivado principalmente nas regiões Centro-Oeste, Sudeste e Sul, nos estados do Paraná, Mato Grosso, Minas Gerais, Goiás, Mato Grosso do Sul e Rio Grande do Sul, Brasil. Um estudo de projeção da produção deste cereal feito pela Assessoria de Gestão Estratégica do Mapa, indica um aumento de 19,11 milhões de toneladas entre as safras de 2008/2009 e 2019/2020. Em 2019/2020, espera-se uma produção de 70,12 milhões de toneladas, e para 2022/2023, 93,6 milhões de toneladas (BRASIL, 2014).

A cadeia produtiva do milho é uma das mais importantes do agronegócio brasileiro, correspondendo a 37% da produção nacional de grãos. A crescente demanda por grãos, tanto nacional quanto internacionalmente, reforça o alto potencial do setor. Juntamente com a soja, o milho é o insumo básico para a alimentação de aves e suínos, dois mercados muito competitivos e que geram receitas para o Brasil (BRASIL, 2007). A demanda por milho é crescente devido ao recente e rápido desenvolvimento dos países asiáticos, ao aumento do consumo do grão para alimentação animal e para a produção de álcool nos Estados Unidos.

1.1.2 Melhoramento genético para tolerância a stresses ambientais e melhoria do rendimento do grão

No mercado das sementes, a disponibilidade de genótipos de milho com caraterísticas de elevada produtividade e tolerância a stresses abióticos constitui um desafio para os programas de melhoramento. A adaptação das plantas a ambientes adversos ou a situações sob fatores ambientais subótimos envolve uma adaptação a múltiplos estresses que se conjugam com interações diretas e indiretas. Assim, é muito importante a identificação e caraterização de genótipos, bem como estudos sobre a interação e sobreposição de mecanismos, tanto fisiológicos como bioquímicos e moleculares (DURÃES et al., 2004).

Resultados satisfatórios foram obtidos com o milho, melhorando a tolerância à seca em genótipos (MONNEVEUX et al., 2006), esforços na arquitetura das plantas também foram feitos para melhorias no sistema radicular, para melhorar a absorção de água e nutrientes e eliminação de folhas, a fim de melhorar a interceção da luz solar sobre o dossel.

Em relação à fisiologia das plantas, as melhorias podem ser atribuídas a vários factores, tais como a manutenção e longevidade do estado das folhas "stay-green" (THOMAS; HOWARTH, 2000).

O progresso da senescência foliar normalmente pode ser observado a olho nu quando há perda de clorofila, de modo que a expressão "stay-green" é genericamente atribuída a um indivíduo quando a senescência se mostra mais tardia em relação a um genótipo de referência (THOMAS; SMART, 1993). Além de estar relacionado à tolerância ao estresse hídrico, o estado "stay green" aumenta a tolerância a insetos e doenças, torna a cultura mais tolerante a uma maior densidade de plantas, estando consequentemente relacionado à produtividade.

A eficiência na absorção, partição e utilização efectiva dos nutrientes pela planta é também muito importante para a produção de milho. A eficiência na utilização de fertilizantes depende da capacidade que as raízes da planta têm de obter altas concentrações de nutrientes que estão disponíveis no solo. Assim, com o objetivo de obter sistemas radiculares mais eficientes, melhoristas têm estudado variações na morfologia do sistema radicular e nos parâmetros cinéticos de genótipos de milho (BALIGAR; BARBER, 1979; ANGHINONI et al., 1989), destacando a importância do manejo dos mesmos em programas de melhoramento para obtenção de cultivares mais eficientes na absorção de nutrientes. A morfologia do sistema radicular é determinada pelo comprimento, volume, área e raio das raízes e pêlos radiculares (SCHENK; BARBER, 1979) que varia em proporção direta ao comprimento e espessura das raízes, pois esses atributos influenciam a superfície de absorção (VILELA; ANGHINONI, 1984).

Outros fatores que proporcionaram melhorias na produção de grãos do milho são a alta atividade da fonte, folhas, e a capacidade de atender a demanda dos drenos, espigas (TOLLENNAAR; WU, 1999), em que as folhas apresentaram maior capacidade fotossintética, e a retenção da capacidade de absorção de nitrogênio pela planta com acúmulo prolongado do nutriente durante o estádio reprodutivo (CIAMPITTI; VYN, 2012), nos híbridos mais velhos a maior taxa de absorção de nitrogênio foi observada em períodos anteriores ao período de florescimento.

1.1.3 Gestão da cultura do milho com vista a obter rendimentos elevados

1.1.3.1 Influência da mobilização do solo na produção de milho

Diversas práticas agronômicas são empregadas para aumentar a produção de grãos em milho, dentre elas é importante o preparo do solo visando o controle de plantas daninhas para favorecer o desenvolvimento da cultura. Entretanto, o uso intensivo do solo pode levar à formação de camadas compactadas, à redução da estabilidade dos agregados do solo e à formação de um maior número de micrósporos, o que pode induzir a uma maior tendência de perda de solo por erosão. Desta forma, a manutenção dos resíduos culturais na superfície do solo no sistema de manejo do cultivo mínimo proporciona uma melhor retenção de água e uma melhor proteção contra o impacto direto das gotas de chuva (IGUE, 1984), em comparação com a incorporação de resíduos feita no preparo convencional do solo.

O preparo mínimo do solo tem se destacado entre as tecnologias de manejo mais empregadas na cultura do milho, principalmente devido à conscientização dos agricultores sobre a necessidade de uma melhor qualidade dos solos, visando uma agricultura mais sustentável (COELHO, 2006). Esse tipo de manejo é caracterizado pela semeadura da cultura sem revolvimento do solo, rotação de culturas e manutenção de resíduos na superfície do solo (PEREIRA et al., 2009). Estudos com o cultivo mínimo têm observado uma maior eficiência em relação ao preparo convencional do solo, pois o fato de se evitar o revolvimento do solo leva a uma decomposição menos intensa e gradual dos resíduos culturais (CARVALHO et al., 2004), melhorando assim as caraterísticas químicas, físicas e biológicas do solo com efeitos positivos sobre a fertilidade do solo, reduzindo os aportes de calcário e fertilizantes.

1.1.3.2 Nitrogénio e outros nutrientes: influência na produção de grãos de milho

Os nutrientes têm diferentes taxas de translocação no caule, folha e grão. Em relação à exportação de nutrientes, o fósforo (P) é altamente transferido para os grãos (77 a 86 %), seguido pelo N (70 a 77 %), enxofre (S) (cerca de 60 %), magnésio (Mg) (47 a 69 %), potássio (K) (26 a 43 %) e cálcio (Ca) (3 a 7 %). De qualquer forma, a incorporação de resíduos vegetais devolve grande parte dos nutrientes absorvidos, principalmente K e Ca da palha (COELHO, 2006). A cultura do milho retira grandes quantidades de nutrientes do solo, conforme revisão (STEWART et al., 2013) que documenta que o aumento de 57% da produção de grãos de 1960 a 2000 pode ser atribuído aos imputes de fertilizantes no sistema de produção. É usual empregar a adubação com N em cobertura para complementar o N fornecido pelo solo quando se objetiva altas produtividades (CANTARELLA, 1993).

Os níveis recomendados de NPK no Brasil para produtividades acima de 8 t ha^{-1} são de 10 a 20 kg ha^{-1} de N no plantio, 120 kg ha^{-1} , 100 kg ha^{-1} , ou 70 kg ha^{-1} de P2O5 para baixas, médias e altas disponibilidades de P, respetivamente. Para o K, as recomendações são 90 kg ha^{-1} , 80 kg ha^{-1} e 60 kg ha^{-1} de k2o, para baixa, média e alta disponibilidade, respetivamente (RIBEIRO et al., 1999). Práticas importantes estão relacionadas à época de aplicação do N e à data de plantio. Vários autores defendem que o melhor momento para aplicação de N é na época da semeadura em dose única. No entanto, a maioria dos estudiosos da fertilidade do solo afirma que a aplicação de N deve ser dividida em duas doses, uma na semeadura e outra após a emergência, durante o período vegetativo da planta.

As exigências de nitrogênio para o milho são consideravelmente variáveis e diferentes em cada estádio de desenvolvimento da planta (ARNON, 1975). Embora se saiba que a cultura necessite de cerca de 20 kg de N ha^{-1} para cada tonelada de grãos produzidos (FANCELLI, 2000; SOUSA; LOBATO, 2004), ainda existem muitas controvérsias e discussões sobre a época ideal de aplicação e sobre a taxa máxima ideal de N para essa cultura. Cantarella (1993) afirma que mesmo que a absorção de N pelo milho seja intensa 40 a 60 dias após a emergência, a planta ainda absorve cerca de 50% do N necessário após o início do florescimento. O autor comenta que pode haver vantagens em uma aplicação tardia do N em casos de adubação pesada, solos muito arenosos ou áreas irrigadas.

Entretanto, estudando a época de aplicação de N para o milho, Netuno e Campanelli (1980), observaram que o maior rendimento de grãos foi obtido quando todo o N foi aplicado no plantio, e a produção diminuiu quando o N foi aplicado de 73 a 83 dias após a emergência. Mesmo assim, Coelho (1987) relatou que a aplicação total das doses de N no plantio provocou maior nível de matéria seca do milho por kg de N do que o ganho obtido com o N aplicado em cobertura. França et al. (1994) relataram que o parcelamento do N não afetou a eficiência da adubação nitrogenada, e os resultados obtidos foram semelhantes quando 106 kg de N por ha foram aplicados em dose única, no estádio em que a planta apresenta 6 folhas (estádio V6), ou subdivididos em metade aplicados no estádio de 6 folhas e a outra metade no estádio em que a planta apresenta 10 folhas (estádio V10). Estes autores concluíram ainda que a maior parte do N na planta é acumulado até à antese, atingindo valores até 93%, pelo que concluíram que a adubação azotada deve ser feita após a sementeira e antes do início da antese, período durante o qual a taxa de absorção é praticamente linear.

1.1.3.3 Influência da densidade das plantas no rendimento de grãos do milho

A densidade de plantio é um dos fatores mais importantes que determinam a produtividade de grãos da cultura do milho. Esta cultura é o membro mais sensível da família Poaceas em relação à densidade de plantas (ALMEIDA; SANGOI, 1996). O aumento da densidade populacional é uma forma de maximizar a intercetação da radiação solar. A densidade ideal de plantas depende da cultivar escolhida, da fertilidade do solo, da disponibilidade de água e da época de semeadura. Assim, a produtividade tende a aumentar em relação à população de plantas, até um determinado número de plantas por área, considerado como a população ótima. Acima desse número a produtividade diminui à medida que aumenta o número de plantas por ha (PEREIRA, 1991). Dentre as formas de manipulação do arranjo espacial, a densidade de plantas é a que está tendo maior interferência na produtividade do milho, pois pequenas alterações na população podem afetar significativamente o rendimento de grãos por hectare. Essa resposta ocorre porque o milho não possui um mecanismo de compensação espacial tão eficiente quanto os demais (ANDRADE et al., 1999).

Portanto, altas densidades de plantas podem reduzir a atividade fotossintética da cultura e, conseqüentemente, a eficiência da conversão dos fotossintatos em produção de grãos; podem aumentar o intervalo entre a antese e a seda, e podem reduzir o número de grãos por espiga (SANGOI et al., 2003). No entanto, densidades de plantas abaixo da ótima levam a um menor aproveitamento da radiação solar incidente diminuindo a produtividade. O manejo levando em consideração a densidade de plantas leva a um aumento na produtividade do milho devido a um melhor aproveitamento dos fatores ambientais pelos genótipos modernos encontrados no mercado (DOURADO NETO et al., 2003). O aumento da densidade de plantas até um determinado limite é uma técnica utilizada para aumentar o rendimento de grãos do milho. O número ideal de plantas por hectare é variável, uma vez que a planta de milho altera o rendimento de grãos em função da competição interespecífica resultante de diferentes densidades de plantas (PEIXOTO et al., 1996).

Relatos recentes indicam que a densidade ótima de plantas frequentemente utilizada visando à produtividade de grãos de milho é, nos Estados Unidos da América, de aproximadamente 8 plantas m^{-2} (80.000 plantas ha^{-1}) (TOLLENAR; LEE, 2011), e no Brasil de apenas 3,5 a 5 plantas m^{-2} , correspondendo a 55.000 a 72.000 plantas ha^{-1} . Por isso, os programas de melhoramento de milho têm buscado genótipos com alta resposta à produção em altas densidades populacionais, de 80.000 a 100.000 plantas por hectare, e sob menor espaçamento entre linhas (DOURADO NETO et al., 2003).

2.0 Princípios do desenvolvimento do milho

Durante o período vegetativo, que se estende desde a sementeira até ao início do aparecimento dos órgãos reprodutores, a planta de milho acumula matéria seca através da fotossíntese. Para este processo, a planta necessita de CO_2 da atmosfera, absorvido através dos estomas. Portanto, as folhas são parte essencial da planta, sendo os seguintes fatores de extrema importância para a produtividade vegetal: número de estômatos abertos por unidade de área foliar; área foliar (representada pelo "índice de área foliar" - IAF); número de folhas por planta; densidade de plantas (DP), indicando a população de plantas por ha; arquitetura da planta; altura da planta (AP); e concentração de pigmentos clorofila e carotenóides, entre outros. Esses fatores estão diretamente relacionados à captação de energia solar para a fotossíntese (reação fotoquímica).

As plantas também precisam de H_2O para a fotossíntese, que vem do solo, pelo que o sistema radicular se torna importante. O seu comprimento, área de superfície e profundidade no solo são factores muito importantes. O sistema radicular é também importante para a absorção de nutrientes, tais como: azoto, fósforo, potássio, enxofre, cálcio e todos os outros nutrientes essenciais. Os açúcares fixados pela fotossíntese são responsáveis pela acumulação de matéria seca (biomassa vegetal - BM) e, finalmente, pelo rendimento de grãos (GY). Durante a fase vegetativa, esses carboidratos são alocados inicialmente nas raízes, depois nos colmos e nas folhas, como mostra esquematicamente a Figura 1.1.

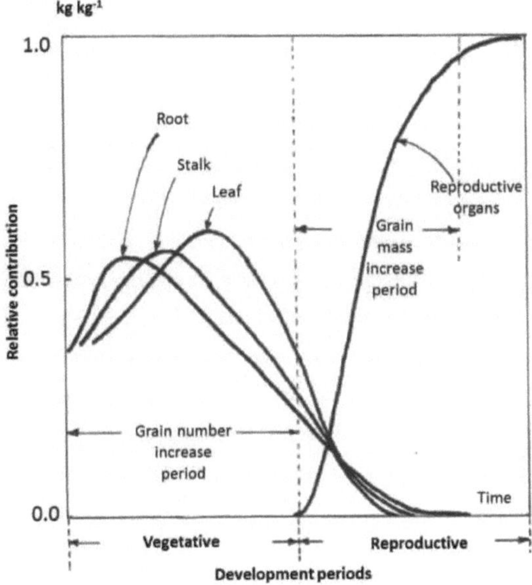

Figura 1.1 - Biomassa vegetal e rendimento de grãos influenciados pela translocação de açúcares e partição de nutrientes de diferentes órgãos da planta.

A acumulação de matéria seca, e consequentemente de todos os nutrientes e a sua partição, durante o período vegetativo, são de extrema importância para a "saúde" da planta e são processos cruciais para a determinação do rendimento final. No caso do milho, o número de grãos (KN) é determinado durante esta fase, e logicamente, quanto maior, melhor será o GY. Quando os órgãos reprodutivos começam a desenvolver-se, a partição de CO_2 quase pára para as raízes, caules e folhas. A partir desse momento, o fluxo de CO_2 passa a ser direcionado para os órgãos reprodutores, como se mostra esquematicamente acima. Durante o período reprodutivo, o número de grãos já definido no período vegetativo, ganhará em peso ou peso do grão (KW) (enchimento do grão), o que é importante para o GY final.

Quando todas as condições solo-planta-atmosfera se encontram na gama óptima, a cultura atinge o seu rendimento potencial máximo num determinado local. Os desvios em relação ao ótimo são o resultado de tensões. Estas podem ser de diferentes causas. As condições de défice hídrico, quando a evapotranspiração real ultrapassa a precipitação, induzem stress hídrico. Os stresses de nutrientes ocorrem quando a planta não consegue obter a quantidade necessária de um determinado nutriente. No caso do azoto, por exemplo, a divisão da dose de fertilizante é escolhida para evitar o stress de N em determinados momentos do desenvolvimento da cultura. A competição entre plantas por nutrientes ou água é também um tipo importante de stress. Por conseguinte, o povoamento de uma cultura, definido pelo número de plantas por hectare, designado por densidade de plantas (DP), é muito importante na gestão das culturas. As condições locais solo-planta-atmosfera definem os valores ideais de DP. Apenas comparando o Estado de São Paulo, Brasil, com o Estado de Indiana, EUA, em termos médios, podemos dizer que no primeiro os solos são pobres. Apresentam valores de CEC da ordem de 50 (meq/100g de solo), com baixa matéria orgânica superficial, baixa disponibilidade de água (100 a 120 mm por m de perfil de solo), com horas de luz do dia possíveis de 11 a 13, de modo que não se pode adotar altos DPs (da ordem de 50 a 70.000 plantas por ha). Por isso, nossas produtividades comerciais brasileiras raramente chegam a 12.000 kg ha^{-1} de grãos de milho. Por outro lado, os solos de Indiana são mais ricos tanto em matéria orgânica quanto em fertilidade (CEC da ordem de 300 (meq/100g de solo)), e com uma disponibilidade de água muito maior (200 a 300 mm por m de perfil de solo) e 12 a 14 horas de luz do dia. Elas podem sustentar PDs de 120.000 plantas por ha, ou mais, alcançando produtividades comerciais acima de 20.000 kg ha^{-1} . A Figura 1.2 discute esquematicamente os efeitos da DP no rendimento, na presença de outros stresses.

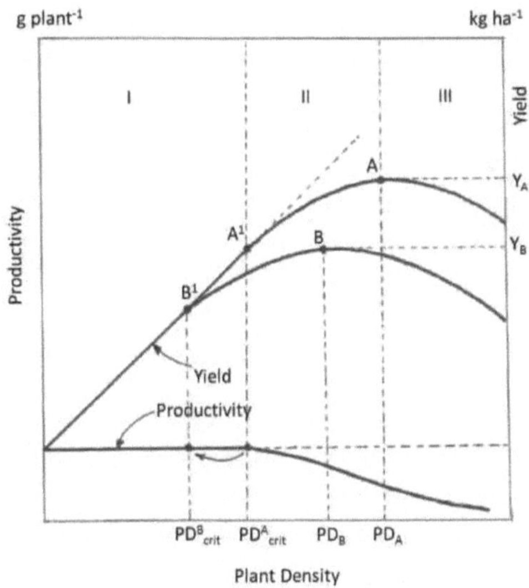

Figura 1.2 - Esquema - Densidade de plantas (DP) e diferentes influências do stress ambiental no rendimento de grãos do milho

De acordo com esta figura, numa dada condição solo-planta-atmosfera, a produtividade das plantas mantém-se constante até ao ponto em que PD atinge um valor crítico (PDcritA em A') e começam a competir entre si pela água, nutrientes, etc., atingindo um rendimento máximo YA com PDA. Para um PDB mais baixo (no ponto B), o rendimento diminui para YB e é estabelecido um PDcrit mais baixo^B .

Estes são, em termos muito resumidos, os princípios que regem o desenvolvimento e a produtividade do milho. Sendo o rendimento o nosso objetivo final, o estudo dos factores que o afectam é de extrema importância, principalmente para os híbridos recentemente desenvolvidos. Este estudo, dividido em três capítulos, apresenta experiências que testam diferentes híbridos de milho, principalmente no que diz respeito aos efeitos sobre o rendimento de grãos causados por stresses de seca e azoto (Quadro 1.1).

Tabela 1.1 - Caracterização da investigação, factores de tratamento

País	Híbrido	Tolerância à seca	População de plantas* (pl ha)⁻¹)*	Produtividade GY mais elevada (t ha⁻¹)*
Brasil	30F35HR	Não	60,000	11.10

EUA	AQUAmax^T	Sim	78,000	13.3
	^{M} P1151 HR			
EUA	P1162 HR	Não	99,000	13.6
EUA	AQUAmax^T ^{M} P1498 HR	Sim	78,000	12.7
EUA	33D49 HR	Não	78,000	11.7

* GY do melhor tratamento de uma das três experiências

3.0 Considerações finais

A produção brasileira e a produtividade da cultura do milho sofreram aumentos muito significativos no Brasil, seguindo uma tendência mundial, iniciada no século passado. Isso é resultado de estudos em diversas áreas de pesquisa com respostas na tecnologia de produção da cultura e no uso de genótipos modernos. No entanto, ainda há necessidade de mais pesquisas visando um melhor entendimento dos mecanismos produtivos e fisiológicos dos novos híbridos que estão surgindo no mercado em resposta a ambientes contrastantes, a fim de garantir uma produção mais sustentável e que respeite os recursos naturais.

Referências

ALMEIDA, M.L. de; SANGOI, L. Aumento da densidade de plantas de milho para regioes de curta estaçao estival de crescimento. **Pesquisa Agropecuária Gaúcha**, Porto Alegre, v. 2, n. 2, p. 179-183, 1996.

AMADO, T.J.C.; MIELNICZUK, J.; AITA, C. Recomendaçao de adubaçao nitrogenada para o milho no RS e SC adaptada ao uso de culturas de cobertura do solo, sob sistema plantio direto. **Revista Brasileira de Ciência do Solo**, Viçosa, v. 26, p. 241-248, 2002.

ANDRADE, F.H.; VEGA, C.; UHART, S.O. Kernel number determination in maize. **Crop Science**, Madison, v. 39, p. 453-459, 1999.

ANGHINONI, I.; VOLKART, K.; FATTORE, C.; ERNANI, P.R. Morfologia de raizes e cinética da absorção de nutrientes em diversas espécies e genótipos de plantas. **Revista Brasileira de Ciência do Solo**, Viçosa, v. 13, p. 355-361,1989.

ARNON, I. **Mineral nutrition of maize (Nutrição mineral do milho)**. Berna: Instituto Internacional da Potassa, 1975. 452 p.

BALIGAR, V.C.; BARBER, S.A. Diferenças genotípicas do milho para absorção de íons. **Revista de Agronomia**, Madson, v 71, p. 870-873, 1979.

BANZINGER, M.; EDMEADES, G.O.; BECK, D.; BELLON, M. **Breeding for drought and nitrogen stress tolerance in maize:** from theory to practice. México: CIMMYT, 2000. 68 p.

BERNARDI, A.C.C.; MACHADO, P.L.O.A.; FREITAS, P.L.; COELHO, M.R.; LEANDRO, W.M.; OLIVEIRA JÙNIOR, J.P.; OLIVEIRA, R.P.; SANTOS, H.G.; MADARI, B.E.;

CARVALHO, M.C.S. **Correçâo do solo e adubaçâo no sistema de plantio direto nos cerrados.** Rio de Janeiro: Embrapa Solos, 2003. 22 p. (Documentos, 46).

BOYER, J.S.; BYRNE, P.; CASSMAN, K.G.; COOPER, M.; DELMER, D.; GREENE, T.; GRUIS, F.; HABBEN, J.; HAUSMANN, N.; KENNY, N.; LAFITTE, R.; PASZKIEWICZ, S.; PORTER, D.; SCHLEGEL, A.; SCHUSSLER, J.; SETTER, T.; SHANAHAN, J.;

SHARP, R.E.; VYN, T.J.; WARNER, D.; GAFFNEY, J. A seca de 2012 nos EUA em perspetiva: um apelo à ação. **Segurança Alimentar Global.** West Chester, v. 2, p. 139-143. 2013.

BRASIL. Ministério da Agricultura, Pecuária e Abastecimento. **Cadeia produtiva do milho.** Brasília: IICA; MAPA, SPA, 2007. 140 p.

. Disponivel em: <http://www.agricultura.gov.br/vegetal/culturas/milho>. Acesso em: 06 ago. 2014.

ÇAKIR, R. Efeito do stress hídrico em diferentes estádios de desenvolvimento no crescimento vegetativo e reprodutivo do milho. **Field Crops Research**, Aberdeenshire, v. 89, n. 1, p. 1-16, 2004.

CAMPOS, H.; COOPER, M.; EDMEADES, G.O.; LOFFLER, C., SCHUSSLER, J.R.;

IBANEZ, M. Alterações na tolerância à seca no milho associadas a cinquenta anos de melhoramento para rendimento no Corn Belt dos EUA. **Maydica**, Bergamo, v. 51, p. 369-381, 2006.

CANTARELLA, H. Calagem e adubaçao do milho. In: BÜLL, L.T.; CANTARELLA, H. (Ed.). **Cultura do milho:** fatores que afetam a produtividade. Piracicaba: POTAFOS, 1993. p. 148-196.

CARVALHO, M.A.C. de; SORATTO, R.P.; ATHAYDE, M.L.F.; SA, M.E. Produtividade do milho em sucessao a adubos verdes no sistema de plantio direto e convencional. **Pesquisa Agropecuària Brasileira**, Brasília, v. 39, p. 47-53, 2004.

CASSMAN, K.G.; DOBERMANN, A.; WALTERS, D.T.; YANG, H. Atendendo à demanda de cereais enquanto protege os recursos naturais e melhora a qualidade ambiental. **Annual Review of Environment and Resources**, Palo Alto, v. 28, p. 315-358, 2003.

CIAMPITTI, I.A.; VYN, T.J. Perspectivas fisiológicas das mudanças ao longo do tempo na dependência do rendimento do milho da absorção de nitrogênio e eficiências nitrogenadas associadas: uma revisão. **Field Crops Research**, Aberdeenshire, v. 133, p. 48-67, 2012.

CIAMPITTI, I.A.; ZHANG, H.; FRIEDEMANN, P; VYN, T.J. Potenciais estruturas fisiológicas para a fenotipagem de campo no meio da estação da absorção final de nitrogênio pela planta, eficiência do uso de nitrogênio e rendimento de grãos em milho. **Crop Sciense**, Madison, v. 52, p. 2728-2742, 2012.

COELHO, A.M. **Balanço de nitrogênio (15 N) na cultura do milho (*Zea mays* L.) em um Latossolo Vermelho Escuro fase cerrado**. 1987. 142 p. Dissertaçao (Mestrado em Solos e Nutriçao de Plantas) - Escola Superior de Agricultura de Lavras, Lavras, 1987.

. **Nutriçao e adubaçao do milho**. Sete Lagoas: Embrapa CNPMS, 2006. 10 p. (Circular Tècnica, 78).

COELHO, A.M.; CRUZ, J.C.; PEREIRA FILHO, I.A. Rendimento do milho no Brasil: chegamos ao màximo? **Informaçôes Agronômicas**, Piracicaba, n. 101, p. 1-12, mar. 2003. Encarte Técnico.

COMPANHIA NACIONAL DE ABASTECIMENTO. **Acompanhamento da safra brasileira: graos**. Oitavo levantamento - junho de 2012. Brasília, 2012. 34p.

CONNOR, D.J., HALL, A.J.; V.O. SADRAS. Effect of nitrogen content on the photosynthetic characteristics of sunflower leaves. **Australian Journal of Plant Physiology**, Oxford, v. 20, p. 251-263, 1993.

COOPER, M.; GHO, C.; LEAFGREN, R.; TANG, T.; MESSINA, C. Reprodução de híbridos de milho tolerantes à seca para o cinturão do milho dos EUA: da descoberta ao produto. **Journal of Experimental Botany**, Oxford, v. 65, n. 21, p. 6191-204, 2014.

DOURADO NETO, D.; FANCELLI, A.L. **Produção de milho**. Guaiba: Agropecuària, 2000. 360 p.

DOURADO NETO, D.; PALHARES, M.; VIEIRA, P.A.; MANFRON, P.A.; MEDEIROS, S.L.P.; ROMANO, M.R. Efeito da populaçao de plantas e do espaçamento sobre a produtividade de milho. **Revista Brasileira de Milho e Sorgo**, Sete Lagoas, v. 2, n. 3, p. 63-77, 2003.

DURÂES, F.O.M.; SANTOS, M.X.; GAMA, E.E.G.; MAGALHÂES, P.C.; ALBUQUERQUE, P.E.P.; GUIMARÂES, C.T. **Fenotipagem associada a tolerância a seca em milho para uso em melhoramento, estudos genômicos e seleçâo assistida por marcadores**. Sete Lagoas: Embrapa Milho e Sorgo, 2004. 17 p. (Embrapa Milho e Sorgo. Circular Técnica, 39).

DUVICK, D.N. O que é o rendimento? In: EDMEADES, G.O.; BANZIGER, M.; MICKELSON, H.R.; PENA-VALDIVIA, C.B. (Ed.). **Desenvolvimento de milho tolerante à seca e com baixo teor de N**. México: CIMMYT, 1996. p. 332-335.

DWYER, L.M.; TOLLENAAR, M.; HOUWING, L. A nondestructive method to monitor leaf greenness in corn. **Canadian Journal of Plant Science**, Ottawa, v. 71, p. 505-509, 1991.

FANCELLI, A.L. **Nutrição e adiibação do milho**. Piracicaba: ESALQ, 2000. 43 p.

FAOSTAT. Disponivel em: <http://faostat.fao.org/>. Acesso em: 01 dez. 2013.

FNP CONSULTORIA E COMERCIO. Balanço 2008 & perspectivas 2009. In:. **AGRIANUAL 2009:** anuário da agricultura brasileira. 14. ed. São Paulo, 2009. p. 371-376.

FRANÇA, G.E.; COELHO, A.M.; RESENDE, M.; BAHIA FILHO, A.F.C. Parcelamento da adubação nitrogenada em cobertura na cultura do milho irrigado. In: EMBRAPA. Centro Nacional de Pesquisa de Milho e Sorgo. **Relatório técnico anual do Centro Nacional de Pesquisa de Milho e Sorgo**: 1992-1993. Sete Lagoas: 1994. p. 28-29.

GOLBASHY, M.; EBRAHIMI, M.; KHAVARI-KHORASANI, S.; CHOUCAN, R. Avaliação da tolerância à seca de alguns híbridos de milho (*Zea mays* L.) no Irão. **African Journal of Agricultural Research**, Nirobi, v. 5, n. 19, p. 2714-2719, 2010.

IGUE, K. Dinâmica da matéria orgânica e seus efeitos nas propriedades do solo. **In:** ADUBAÇÂO verde no Brasil. Campinas: Fundação Cargill, 1984. p. 232-267.

LEUNG, J; GIRAUDAT, J. Abscisic acid signal transduction. **Annual Review of Plant Physiology and Plant Molecular Biology**, Palo Alto, v. 49, p. 199-222, 1998.

LOPES, M.S.; ARAUS, J.L.; PHILIPPUS, D.R.VH., FOYER, C.H. Aumento da tolerância à seca em culturas C4. **Journal of Experimental Botany**, Oxford, v. 62, p. 3135-3153. 2011.

MARKELZ, R.J.C.; STRELLNER, R.S.; LEAKEY A.D.B. Impairment of C4 photosynthesis by drought is exacerbated by limiting nitrogen and ameliorated by elevated [CO2] in maize. **Journal of Experimental Botany**, Oxford, v. 62, p. 3235-3246, 2011.

MARKWELL, J.; OSTERMAN, J.C.; MITCHELL, J.L. Calibration of the Minolta SPAD-502 leaf chlorophyll meter. **Photosynthesis Research**, Dordrecht, v. 46, p. 467-472, 1995.

MOLL, R.H.; KAMPRATH; E.J.; JACKSON, W.A. Analysis and interpretation of factors which contribute to efficiency of nitrogen utilization. **Agronomy Journal**, Madison, v. 74, p. 562-564, 1982.

MONNEVEUX, P.; SANCHEZ, C.; BECK, D.; EDMEADES, G. O. Melhoramento da tolerância à seca em populações de origem de milho tropical: evidência de progresso. **Crop Science**, Madison, v. 46, p. 180-191, 2006.

MORADI, H.; AKBARI, G.A.; KHAVARI, K.S.; RAMSHINI, H.A. Investigação do efeito do stress de seca em caraterísticas morfológicas, rendimento e componentes de rendimento de novos híbridos de milho (*Zea Mays* L.). **International Journal of Recent Scientific Research**, Sorappur, v. 3, n. 6, p. 518529, 2012.

MUGO, S.N.; BÀNZIGER, M.; EDMEADES, G.O. Perspectivas de utilização do ABA na seleção para tolerância à seca em culturas cerealíferas. In: WORKSHOP SOBRE ABORDAGENS MOLECULARES PARA O MELHORAMENTO GENÉTICO DE CEREAIS PARA PRODUÇÃO ESTÁVEL EM AMBIENTES COM LIMITAÇÃO DE ÁGUA: UM PLANEAMENTO ESTRATÉGICO, 1999, El Batan.

Processo... México: CIMMYT, 2000. p. 73-78. 2000.

NEPTUNE, A.M.L.; CAMPANELLI, A. Efeitos de épocas e modo de aplicação do sulfato de amônio - 15 N, fósforo - 32 P, na quantidade e teores de N, P e K na planta e na folha do milho, na produção, na quantidade de proteina e eficiência do nitrogênio do fertilizante convertido em proteina. **Anais da Escola Superior de Agricultura Luiz de Queiroz**, Piracicaba, v. 37, n. 2, p. 1105-1143, 1980.

PEIXOTO, C.M. **Resposta de genótipos de milho à densidade de plantas, em dois niveis de manejo**. 1996. 118 p. Dissertaçao (Mestrado em Agronomia) - Faculdade de Agronomia, Universidade Federal do Rio Grande do Sul, Porto Alegre, 1996.

PEREIRA, R.G.; ALBUQUERQUE, A.W.; MADALENA, J.A.S. Influência dos sistemas de manejo do solo sobre os componentes de produção do milho e *Brachiaria decumbens*.

Revista Caatinga, Mossoró v. 22, p. 64-71, 2009.

PEREIRA, R.S.B. Caracteres correlacionados com a produção e suas alterações no melhoramento genético do milho (*Zea mays* L.). **Pesquisa Agropecuária Brasileira**, Brasília, v. 26, p. 745-751, 1991.

PIONEIRO. Disponivel em: <http://www.pioneersementes.com.br/Media Center/Pages/Detalhe-do-Artigo.aspx?p=165>. Acesso em: 08 jul. 2014.

RIBEIRO, A.C.; GUIMARÂES, P.T.G.; ALVAREZ V., V.H. **Recomendaçâo para o uso de corretivos e fertilizantes em Minas Gerais**: 5ª aproximaçao. Viçosa: Comissao de Fertilidade do Solo do Estado de Minas Gerais, 1999. 359 p.

RICHARDS, R.A.; REBETZKE, G.J.; CONDON, A.G.; VAN HERWAARDEN, A.F. Breeding opportunities for increasing the efficiency of water use and crop yield in temperate cereals. **Crop Science**, Madison, v. 42, p. 111-121, 2002.

ROTH, J.A.; CIAMPITTI, I.A.; VYN, T.J. Avaliações fisiológicas de híbridos recentes de milho tolerantes à seca em diferentes níveis de estresse. **Agronomy Journal**, Madison, v. 5, n. 4, p. 1129 - 1141, 2013.

RUSSELL, W.A. Genetic improvements of maize yields. **Advances in Agronomy**, San Diego, v. 46, p. 245-298, 1991.

SA, J.C.M. **Manejo de nitrogênio na cultura do milho no sistema plantio direto**. Passo Fundo:

Aldeia Norte, 1996. 23 p.

SANCHEZ, R.A.; HALL, A.J.; TRAPANI, N.; HUNAU, R. C. de. Efeitos do estresse hídrico no teor de clorofila, nível de nitrogênio e fotossíntese de folhas de dois genótipos de milho. **Photosynthesis Research**, Dordrecht, v. 4, p. 35-47, 1983.

SANGOI, L.; SILVA, P.R.F.; ARGENTA, G.; HORN, D. Bases morfo-fisiológicas para aumentar a tolerância de cultivares de milho a altas densidades de plantas. In: REUNIÂO TÈCNICA CATARINENSE DE MILHO E FEIJÂO, 4., 2003, Lages. **Resumos expandidos...** Lages: CAV, UDESC, 2003. p. 19-24.

SCHENK, M.K.; BARBER, S.A. Phosphate uptake by corn as affected by soil characteristics and root morphology. **Soil Science Society of America Journal**, Madison, v. 43, p. 880-883, 1979.

SEGHATOLESLAMI, M.J.; KAFI, M.; MAJIDI, S. Efeito do estresse hídrico em diferentes estágios de crescimento no rendimento e na eficiência do uso da água de cinco genótipos de painço (*Panicum Miliaceum* L.). **Pakistan Journal of Botany**, Karachi, v. 40, n. 4, p. 1427- 1432, 2008.

SINCLAIR, T.R.; HORIE, T. Leaf nitrogen, photosynthesis, and crop radiation use efficiency: a review. **Crop Science**, Madison, v. 29, p. 90-98, 1989.

SOUSA, D.M.G. de; LOBATO, E. Calagem e adubaçao para culturas anuais e semiperenes. In:. (Ed.). **Cerrado:** correçao do solo e adubaçao. Planaltina: Embrapa Cerrados, 2004. p. 283-315.

SOUZA, C.M. **Efeito do uso continuo de grade pesada sobre algumas caracteristicas fisicas e quimicas de um Latossolo Vermelho-Amarelo Distrófico, fase cerrado, e sobre o desenvolvimento das plantas e absorçao de nutrientes pela cultura de soja.** 1988. 105 p. Dissertaçao (Mestrado em Fitotecnia) - Universidade Federal de Viçosa, Viçosa, 1988.

STEWART, W.M.; DIBB, D.W.; JOHNSTON, A.E.; SMYTH, T.J. The contribution of commercial fertilizer nutrients to food production. **Agrononomy Journal**, Madison, v. 97, p. 1-6, 2005.

THOMAS, H.; HOWARTH, C.J. Five ways to stay green. **Journal of Experimental Botany**, Oxford, v. 51, p. 329-337. 2000.

THOMAS, H; SMART C.M. Crops that stay green. **Annals of Applied Biology**, Oxford, v. 123, p. 193-219, 1993.

TOLLENAAR, M.; LEE, E.A. Strategies for enhancing grain yield in maize (Estratégias para aumentar o rendimento de grãos em milho). **Plant Breeding Reviews**, Hoboken, v. 34, p. 37-81, 2011.

TOLLENAAR, M.; WU, J. O aumento da produtividade do milho de clima temperado é atribuível a uma maior tolerância ao stress. **Crop Science,** Madison, v. 39, p. 1597-1604, 1999.

UHART, S.A.; ANDRADE, F.H. Deficiência de azoto no milho: I. Efeitos sobre o crescimento e desenvolvimento da cultura, partição da matéria seca e formação do grão. **Crop Science**, Madison, v. 35, p. 13761383, 1995.

2. ABSORÇÃO E REPARTIÇÃO DE NUTRIENTES DO MILHO EM HÍBRIDOS TOLERANTES À SECA E NÃO TOLERANTES À SECA, INFLUENCIADOS POR DIFERENTES DENSIDADES DE PLANTAS E TAXAS DE AZOTO

Resumo

As melhorias na tolerância do milho (*Zea mays* L.) à seca são vitais para manter a segurança alimentar local e global. Os objectivos da investigação foram compreender se e, em caso afirmativo, como híbridos semelhantes tolerantes à maturidade e híbridos não tolerantes à seca diferem na absorção de nutrientes, concentrações de nutrientes e rendimento de grãos (GY) sob diferentes tratamentos de gestão (densidade de plantas e taxas de N variadas) em ambientes alimentados pela chuva. O nosso objetivo específico foi avaliar se os híbridos tolerantes à seca têm, em geral, uma maior eficiência na recuperação e utilização de N, se produzem mais grãos por unidade de absorção de nutrientes da planta inteira e se atingem uma maior eficiência em termos de macronutrientes, em comparação com os híbridos não tolerantes à seca. Dois híbridos tolerantes à seca (AQUAmax) foram comparados a dois híbridos de maturidade comparável (não tolerantes à seca) em diferentes densidades de plantas (PD) (dois níveis) e taxas de N (quatro níveis) durante 2 anos (2012 e 2013) no noroeste de Indiana. Foram efectuadas medições morfológicas, de produtividade e nutricionais em ambas as estações. Todos os híbridos, quer sejam rotulados como mais ou menos tolerantes à seca, responderam de forma semelhante no rendimento de grãos aos factores de tratamento em ambos os anos. Os híbridos AQUAmax não demonstraram melhoria no rendimento de grãos ou maior estabilidade de rendimento do que os não-AQUAmax. O Híbrido 1 tolerante à seca (P1151) geralmente exibiu uma antese mais longa para o intervalo de silagem do que o Híbrido P1162 de maturidade comparável (em 2013). Em 2012, ambos os híbridos tolerantes à seca apresentaram valores mais elevados para o teor de P do caule do que o híbrido não tolerante à seca. Da mesma forma, o híbrido tolerante à seca P1498, no fatorial significativo para Híbrido x PD, apresentou maior teor de S na palha do que o híbrido 33D49, esta qualidade específica encontrada em híbridos tolerantes à seca poderia ser considerada como um mecanismo de tolerância à seca apresentado neste híbrido AQUAmax. O híbrido P1498 apresentou, em geral, uma floração ligeiramente mais precoce e um intervalo entre a antese e o enfolhamento menor do que o híbrido 33D49 em ambas as estações. O híbrido 1498 também teve números de grãos consistentemente mais baixos, mas pesos finais de grãos mais elevados do que o 33D49 (ambos os anos). Em 2013, a maioria dos índices de colheita de macronutrientes foram mais elevados do que os observados em 2012. O PHI foi mais baixo do que o normal em 2012, mas também significativamente mais baixo nos híbridos tolerantes à seca do que nos dois híbridos mais susceptíveis à seca. Não houve evidência de que os híbridos AQUAmax fossem diferentes dos híbridos não-AQUAmax em suas respostas de GY, BM e estabilidade de rendimento aos fertilizantes N ou em suas eficiências de uso de macronutrientes. As taxas agronómicas óptimas de fertilizantes N não são inferiores para estes híbridos AQUAmax. No entanto, como as combinações de tratamento híbrido, N e PD com maior BM e GY na maturidade geralmente alcançaram intervalos de antese-silagem mais curtos e, na estação da seca, maior acúmulo de macronutrientes (P e S), as últimas caraterísticas parecem ser importantes mecanismos de tolerância à seca, independentemente das designações híbridas. Não houve evidência de que os híbridos AQUAmax fossem diferentes dos híbridos não-AQUAmax na sua resposta aos fertilizantes N ou na sua eficiência de utilização de N. Assim, é improvável que a gestão dos fertilizantes N deva mudar quando os híbridos AQUAmax são cultivados. Certamente, não há evidências de que as taxas ideais de fertilizantes N sejam menores para esses híbridos AQUAmax.

Palavras-chave: Eficiência de utilização do azoto; Mecanismo de tolerância à seca; Rendimento de grãos

2.1 Introdução

Os rendimentos do milho comercial (*Zea mays* L.) aumentaram substancialmente em resultado de práticas convencionais de reprodução e agronómicas. O rendimento médio do milho nos EUA aumentou a uma taxa de 118 kg ha^{-1} yr^{-1} de 1930 a 2000, o GY aumentou de 1,5 Mg ha^{-1} na década de 1930 para 9,5 Mg ha^{-1} no período 2006-2008, e taxas semelhantes de melhoria no GY do milho foram observadas em outras partes do mundo (TOLLENAAR; LEE, 2011).

Os aumentos de rendimento de grãos também foram atribuídos a uma maior tolerância ao stress dos híbridos modernos, especialmente ao stress da competição entre plantas (TOKATLIDIS; KOUTROUBAS, 2004). A densidade de plantas é um fator agronómico que mudou significativamente durante as últimas décadas, sugerindo que a seleção sob alta densidade de plantas era a chave para melhorar o rendimento de grãos do milho (TROYER; ROSENBROOK, 1983). A tolerância à densidade de plantas é, em essência, a tolerância à escassez de recursos de água, nutrientes minerais e luz (YAN; WALLACE, 1995).

Apesar do elevado potencial produtivo, o milho apresenta uma sensibilidade acentuada a stresses bióticos e abióticos, pelo que a sua cultura necessita de um planeamento e gestão cuidadosos, com vista a maximizar a sua capacidade produtiva (Andrade, 1995). Dois importantes estresses ambientais que diminuem o rendimento de grãos (RG) do milho são: (a) a seca, especificamente durante o período crítico de duas semanas antes da pós-silagem, e (b) a deficiência de nitrogênio (N), pois o estresse de N reduz a fotossíntese da cultura (BÀNZIGER et al., 2000) e também influencia a absorção e a eficiência interna de outros macronutrientes na maturidade (CIAMPITTI et al., 2013a).

O aumento das concentrações de gases com efeito de estufa aumenta as temperaturas globais que podem potencialmente acelerar o crescimento e o desenvolvimento do milho, acelerar a maturidade e reduzir a disponibilidade de humidade no solo durante a estação de crescimento. Por conseguinte, as melhorias na tolerância do milho à seca são vitais para manter a segurança alimentar local e global (BOOMSMA; VYN, 2008). Além disso, a melhoria da eficiência da utilização do azoto no milho beneficiaria especialmente muitos países em desenvolvimento, onde os rendimentos são baixos e a aplicação de fertilizantes é inadequada (AKINTOYE; KLING; LUCAS, 1999; CASSMAN et al., 2004).

A produtividade do milho depende da atividade metabólica do carbono e do azoto (N). O papel direto do N no acúmulo de matéria seca dos grãos é representado pelo efeito na produção de matéria seca do milho, influenciando o desenvolvimento e a manutenção da área foliar da cultura e a eficiência fotossintética (BELOW et al, 1981; SWANK et al, 1982; MUCHOW, 1998). Esse nutriente tem funções importantes no metabolismo da planta de milho, participando como parte de moléculas de proteínas, coenzimas, ácidos nucléicos, citocromos e clorofila, entre outros. A adubação nitrogenada influencia não só a produtividade do milho, mas também a qualidade do produto, em decorrência do aumento do teor de proteína dos grãos (SABATA; MASON, 1992).

Quando submetidas à seca, as plantas de milho apresentam um potencial hídrico menor em relação às plantas não estressadas, causando fechamento estomático e, consequentemente, diminuição da fotossíntese e da assimilação de carbono (OTEGUI; ANDRADE; SUERO., 1995). Os principais efeitos da falta de água nas plantas de milho são a diminuição da produção de matéria seca (biomassa) e do rendimento de grãos (KORSAKOV et al., 2008).

As empresas de sementes, em resposta a estes problemas, estão a aplicar diversas estratégias para melhorar a tolerância das culturas ao stress hídrico (COOPER et al., 2014). Em regiões onde o stress hídrico está presente, os híbridos tolerantes à seca têm demonstrado benefícios de rendimento quando comparados com os híbridos não tolerantes à seca com maturidade semelhante (BECKER et al. 2012; PIONEER, 2013). As técnicas de manejo e as abordagens de melhoramento para a eficiência do uso do N diferem em diferentes condições de produção e regiões do mundo. Assim, o entendimento do processo que governa a absorção de N pelas culturas e sua distribuição nas plantas é de fundamental importância para otimizar a produção agrícola com o mínimo de N (CASSMAN; DOBERMANN; WALTERS, 2002). Estudos sobre a absorção e partição de macro e micronutrientes, como N, P, K e S e Zn, Fe, Mn e Cu para híbridos modernos de milho também são importantes para entender os mecanismos que governam a assimilação de nutrientes e sua influência no rendimento de grãos sob diferentes condições ambientais.

O principal objetivo deste estudo foi compreender quais as caraterísticas, caso existam, que diferem entre híbridos semelhantes tolerantes à maturidade e híbridos não tolerantes à seca, que regem a absorção e as concentrações de nutrientes em diferentes tratamentos de gestão (densidade de plantas e taxas de N variadas) e a sua influência no rendimento de grãos. O segundo objetivo foi avaliar se os híbridos tolerantes à seca têm uma eficiência global de recuperação e utilização de N mais elevada, se produzem mais grãos por unidade de absorção de nutrientes em toda a planta e se alcançam índices e eficiência interna de N, P, K e S mais elevados, em comparação com os híbridos não tolerantes à seca em densidades de plantas e taxas de N variadas.

As seguintes questões destacam os objectivos da investigação que examinaram os efeitos dos genótipos, densidades de plantas e taxas de N na fisiologia subjacente à resposta do milho aos factores de stress PD e N: (1) Os híbridos tolerantes à seca são diferentes dos seus homólogos comparativos sem a tolerância à seca? (2) Os híbridos tolerantes à seca respondem de forma diferente às taxas de N, não só no que respeita ao rendimento, mas sobretudo no que respeita à absorção de nutrientes, e a caraterística de tolerância à seca significa que existe uma maior capacidade de absorção de nutrientes? (3) Se podemos esperar uma melhoria da eficiência da utilização da água, podemos também esperar que a planta seja capaz de acumular mais nutrientes, mesmo com uma taxa global de N mais baixa; se tal acontecer, assistir-se-á a uma situação em que os híbridos tolerantes à seca conduzem a uma melhor eficiência da utilização dos nutrientes, bem como a uma melhor eficiência da utilização da água? (4) Como é que os híbridos tolerantes à seca diferem dos seus híbridos de maturidade semelhante na sua resposta de absorção de nutrientes às taxas de N e na resposta à densidade de plantas? (5) De que modo diferem estes híbridos na afetação de nutrientes, no índice de colheita e na eficiência interna, em comparação com os híbridos não tolerantes à seca?

2.2 Materiais e métodos

2.2.1 Localização e conceção experimental

A experiência foi conduzida durante duas épocas de cultivo (2012-13) no noroeste do Indiana, no Pinney Purdue Agricultural Center (PPAC) (41° 26' 49" N, 86° 55' 42" W). As experiências de campo não irrigadas foram estabelecidas no barro arenoso Tracy (argiloso grosseiro, mésico misto Ultic Hapludalfs). Em ambas as estações, a cultura anterior foi a soja [*Glycine max* (L.) Merr.], e a lavoura utilizada foi o arado de cinzel no outono e a lavoura secundária na primavera. O experimento da temporada de 2012 foi plantado em 11 de maio[th] , e o experimento da temporada de 2013 foi plantado em 1 de maio .[st]

Foi utilizado um esquema de parcelas divididas em cinco repetições, com o híbrido como parcela principal, a densidade de plantas (PD) como subparcela e a taxa de N como sub-subparcelas. Em ambas as estações, quatro híbridos foram comparados, consistindo de dois pares com diferentes tolerâncias à seca: 111 híbridos CRM (AQUAmax[TM] P1151 HR (Híbrido 1) versus P1162 HR (Híbrido 2), e 114 híbridos CRM (AQUAmax[TM] P1498 HR (Híbrido 3) versus 33D49 HR (Híbrido 4). As pontuações de tolerância à seca, conforme determinado pela DuPont Pioneer numa escala de nove pontos (1 = baixa, 9 = alta), para P1151 e P1498 foram ambas 9, e para os híbridos menos tolerantes à seca, P1162 e 33D49, foram 8 e 7, respetivamente. Os dois níveis de PD foram 79.000 (PD1) e 104.000 (PD2) pl ha^{-1} para 2012, e 78.000 (PD1) e 99.000 (PD2) plantas ha^{-1} stand final para 2013.

Todas as parcelas receberam 26 kg N ha^{-1} em uma faixa inicial de 5 cm x 5 cm (19-17-0) no plantio. Tratamentos de nitrato de uréia e amônio, UAN, (28-0-0) de 0 (Nr1), 134 (Nr2), 202 (Nr3), ou 269 (Nr4) kg N ha^{-1} foram injetados entre as linhas de milho em torno do estágio de crescimento V5 (ABENDROTH et al., 2011) em ambos os anos. As medições intensivas foram realizadas em três réplicas cujas parcelas individuais mediam 4,6 metros de largura (seis linhas de 76,2 cm) por 27 metros de comprimento (18 m de comprimento para as duas réplicas restantes). O solo foi amostrado da camada de 0 a 30 cm, coletando-se 20 núcleos (2 cm de diâmetro) de parcelas não fertilizadas, para determinação da concentração de N mineral do solo, antes e depois da aplicação lateral de UAN. As amostras de solo (0 a 20 cm de profundidade) de cada repetição para dados gerais de fertilidade foram analisadas por

A&L Great Lakes Laboratories (Quadro 2.1); os dados médios resultantes indicam que a matéria orgânica do solo e as concentrações de P no teste do solo são bastante semelhantes entre os dois anos de atividade, e que as concentrações de K no teste do solo foram superiores aos níveis críticos em ambos os anos. Foram registados dados sobre as condições meteorológicas em ambas as estações (Figura 2.1).

Tabela 2.1 - Análise do solo para parcelas não fertilizadas (azoto inorgânico [NO_3^- - N / NH_4^+ - N], teor de matéria orgânica [OM], pH do solo, teor de potássio [K], e fósforo, Bray - P1 [P]) nos 0,3 m superiores do perfil do solo para cada estação de crescimento, 2012 (Roth et al., 2013) e 2013. No PPAC, Wanatah, IN, Estados Unidos

	Épocas de crescimento	
Parâmetros do solo	2012	2013
Teor de OM, g kg^{-1}	16 (3.0)	17.05 (0.33)
Unidades de pH	6.10	6.59
P, mg P kg^{-1}	43 (9.4)	48.45 (11.13)
K, mg K kg^{-1}	103 (13.8)	134.60 (25.19)

O valor entre parêntesis refere-se ao desvio padrão

2.2.2 Medições morfofisiológicas de plantas

Vinte plantas contínuas com densidades de plantas representativas foram selecionadas e marcadas nas linhas centrais de cada parcela (áreas de amostragem) para medições repetidas durante cada estação de crescimento. As alturas das plantas foram medidas desde a superfície do solo até à folha mais alta estendida verticalmente durante as fases vegetativas. Na floração (R1), as alturas das plantas foram registadas até ao colarinho foliar mais desenvolvido (MADDONNI; OTEGUI, 2004; BOOMSMA, 2009). Em 2012 as medições de altura foram realizadas nos estágios V5, V10, V15 e R1, enquanto em 2013 as medições foram realizadas nos estágios V5, V10 e V12. As medições do diâmetro do caule foram determinadas em vários estádios vegetativos e reprodutivos (V10, V15, R1, R3, R4 - 2012; V10, V12, V14 - 2013), utilizando um paquímetro Mitutoyo ABSOLUTE Digimatic 500-171 (Mitutoyo America Corporation, Aurora, IL) ligado a um Personal Digital Assistant (PDA) e registado numa folha de cálculo. Os paquímetros foram colocados no ponto médio inter-nodal mais largo nos caules das plantas, entre os nós mais baixos acima do solo, sem raízes. Foi utilizado um medidor de clorofila Minolta SPAD-502 (Minolta Sensing Americas, Inc., Ramsey, NJ) para estimar o teor de clorofila das plantas (SPAD). Foi efectuada uma medição na folha mais expandida (com colarinho) durante as fases vegetativas (~ V10 e V15) e na folha da espiga nas fases reprodutivas (R1, R3, R4 e R5) na época de crescimento de 2012 e (V10, V12 e V14) na época de crescimento de 2013. Em ambos os anos, as medições foram efectuadas em todas as 20 plantas e foi registado o valor médio por parcela. Se a folha designada estivesse danificada, a folha inferior seguinte era utilizada para a medição. As medições foram efectuadas perto do meio de cada folha, a cerca de 2 cm do bordo da folha, e foram evitadas áreas de necrose foliar não representativas.

As informações recolhidas sobre as 20 plantas na altura da floração incluíram a suspensão das anteras e a extrusão da seda. As parcelas foram monitorizadas todos os dias no início do período da borla (antes da extrusão da seda para os híbridos avaliados) e as observações continuaram até que todas as plantas completassem a silagem. As plantas foram contadas como estando em antese quando pelo menos 10 anteras estavam suspensas da borla, e em silagem quando as sedas extrudiam pelo menos 1 cm da casca. A duração de 10-90% da antese (ou ensilagem) foi calculada subtraindo as datas em que 2 plantas (10%) tinham atingido a antese (ou a ensilagem) da data em que pelo menos 18 plantas (90%) tinham atingido a antese (ou a ensilagem). O intervalo antese-silagem (ASI) foi calculado subtraindo a data em que 10 plantas (50%) atingiram a antese da data em que 10 plantas (50%) atingiram a silagem.

2.2.3 Rendimento de grãos e componentes de rendimento

Foi adoptada uma metodologia idêntica à utilizada por Roth, Ciampitti e Vyn. (2013). Na maturidade, o GY e seus componentes foram determinados em ambas as estações. A biomassa da planta inteira (BM, procedimento descrito por Burzaco, Ciampitti e Vyn (2014)) e o índice de colheita (HI) foram calculados a partir de 10 plantas colhidas nas linhas centrais de cada tratamento de três repetições. O número real de grãos (KN) por planta e o peso do grão (KW) (ajustado para 155 g kg^{-1}) foram determinados a partir de espigas das 20 plantas consecutivas colhidas nas fileiras centrais em R6 de três repetições em cada tratamento. O GY (também ajustado para 155 g kg^{-1}) foi medido após a colheita das duas fileiras centrais de cada parcela com uma ceifeira-debulhadora de parcelas Kincaid XP.

2.2.4 Medições de nutrientes em plantas

As medições do teor de nutrientes das plantas foram determinadas a partir das áreas de amostragem, conforme descrito por Burzaco, Ciampitti e Vyn (2014) e Ciampitti e Vyn (2012). A absorção de N pelas plantas foi determinada pela amostragem da biomassa total da planta acima do solo (biomassa da planta) no estágio de maturação fisiológica (R6), de três de cinco repetições em cada estação de crescimento. O teor de nutrientes foi avaliado utilizando 10 plantas para o caule (caule + folhas) e 20 plantas para o grão e o sabugo, a partir de três repetições para o caule e o grão (mas apenas a partir da primeira repetição para o sabugo). O grão, o sabugo e a palha foram pesados em cada parcela após o descasque e a secagem. Infelizmente, devido a restrições de financiamento, as fracções de carolo só foram moídas e submetidas a análise de nutrientes a partir da primeira repetição. Para as réplicas 2 e 3, as concentrações de nutrientes do sabugo foram estimadas a partir dos dados da réplica 1 e depois ajustadas para o peso do sabugo de cada parcela individual.

Estas plantas foram cortadas na base do caule, pesadas e secas até atingirem um peso constante a 60°C. A determinação do N total foi efectuada através do método de combustão (AOAC International, 2000, Método 990.03).

As quantidades de nutrientes (g planta^{-1}) de N, P, K, S, Zn, Fe, Mn e Cu nos componentes grão, espiga e palha foram calculadas multiplicando a concentração de nutrientes (g g^{-1}) pelo peso seco (g planta^{-1}) de cada fração. Os índices de colheita de nutrientes foram calculados para N (NHI), P (PHI), K (KHI), S (SHI), Zn (ZnHI), Fe (FeHI), Mn (MnHI) e Cu (CuHI) dividindo o teor de nutrientes do grão pelo teor total de nutrientes da planta. As eficiências internas de N, P, K e S (NIE, PIE, KIE e SIE, respetivamente) foram calculadas de acordo com o procedimento descrito por Ciampitti e Vyn (2012), no qual o GY foi dividido pela absorção total de nutrientes da planta nos componentes acima do solo. Neste estudo, apenas os dados de N, P, K e S foram discutidos, mas todos os dados sobre nutrientes são apresentados no Apêndice. Para calcular a eficiência de utilização do azoto (NUE) eq. 1, e a eficiência de recuperação do azoto (NRE) eq. 2, foi utilizado o procedimento de Burzaco et al.

(2014) foi seguido:

$$NUE = \frac{GYN - GY0}{\Delta Napplied} \tag{1}$$

$$NRE = \frac{PNUN - PNU0}{\Delta Napplied} \tag{2}$$

Onde GYN é o GY das parcelas fertilizadas com N, GY0 é o GY das parcelas não fertilizadas, PNUN é o PNU (absorção total de azoto pelas plantas) das parcelas fertilizadas com N, PNU0 é o PNU das parcelas não fertilizadas, e ΔNaplicado é o diferencial de N aplicado (taxas de N).

2.2.5 Análises estatísticas

Foi efectuada uma análise de variância (ANOVA) utilizando o programa SAS PROC MIXED (SAS Institute, 2004) para avaliar se existiam diferenças significativas entre as médias dos tratamentos. A análise baseou-se nos factores Híbrido, PD e taxa de N. Todos estes factores foram considerados factores fixos (com os blocos como fator aleatório). Para a avaliação do modelo, foram testadas as diferenças entre as funções lineares (teste F, Mead et al. 1993). Para a biomassa total das plantas (BM), as relações com a absorção total de nutrientes pelas plantas foram determinadas através de análises de regressão para verificar a possível influência de nutrientes individuais na biomassa total das plantas.

2.3 Resultados e discussão

2.3.1 Fenologia e épocas de crescimento

O tempo de desenvolvimento fenológico variou entre as duas épocas de cultivo devido às diferentes datas de plantação e condições climatéricas (Figura 2.1). A época de 2012 registou temperaturas acima do normal e condições de seca recorde (com apenas 61 mm de chuva de 1 de junho a meados de julho), o que resultou em stress severo das plantas, que foi mais evidente durante o intervalo V12-R1, enquanto a época de 2013 registou temperaturas e precipitação próximas do normal (em relação às tendências históricas referidas por Ciampitti e Vyn (2011)) com 304 mm de precipitação ocorrendo durante os meses críticos de junho e julho. O momento da antese e da emergência da seda (Figura 2.2) foi ligeiramente diferente entre as estações; em 2012 a floração da planta (suspensão da antera e extrusão da seda) ocorreu cedo para todos os híbridos em relação a 2013. Em 2013 (ano de precipitação normal) houve um período mais curto entre a antese e a emergência da seda em comparação com a época de 2012 (ano de seca). O híbrido 4 foi o último híbrido a emitir pólen e seda em ambos os anos.

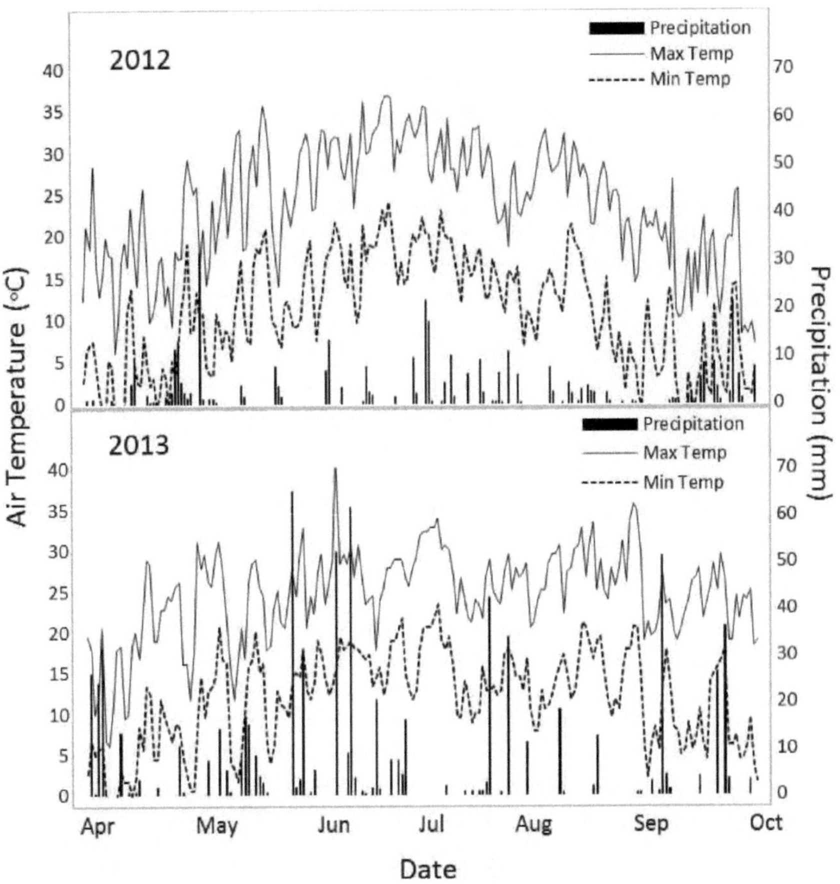

Figura 2.   1- Condições meteorológicas (temperatura máxima e mínima do ar e precipitação média) para as épocas de cultivo de milho de 2012 e 2013 no Centro Agrícola Pinney-Purdue (PPAC) no noroeste de Indiana, EUA

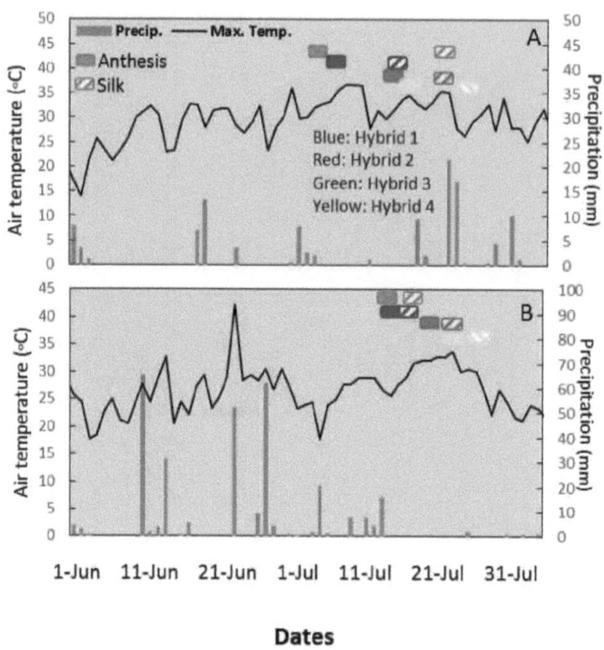

Figura 2.2 - Momento da antese e da emergência da seda (ambos mostram o dia de 50%), para as épocas A (2012) e B (2013) em quatro híbridos (Híbrido 1 = AQUAmax™ P1151, Híbrido 2 = P1162, Híbrido 3 =AQUAmax™ P1498, Híbrido 4 = 33D49) em média em cada nível de densidade de plantas (PD1 = 79.000, e PD2 = 104.000 pl ha^{-1} , para a época de 2012; e PD1 = 78.000, e PD2 = 99.000 pl ha^{-1} , para a época de 2013), e todos os quatro níveis de taxa de N (Nr1 = 0, Nr2 = 134, Nr3 = 202, e Nr4 = 269 kg N sidedress ha^{-1}) em relação à temperatura máxima e precipitação antes e depois do período de floração

2.3.2 Medições morfofisiológicas de plantas

2.3.2.1 Altura da planta e diâmetro do caule

Em 2012, apenas ocorreu um ligeiro alongamento do caule entre os estádios de crescimento V10 e V15 (num intervalo de tempo de 14 dias) devido às condições de seca que ocorreram durante este período (Figura 2.3; Tabela 5.1 do Apêndice). Nos estádios V15 e R1, o PD1 demonstrou alturas médias mais elevadas do que o PD2, possivelmente porque a maior densidade de plantas resultou num maior stress de crescimento das plantas sob as condições de seca prevalecentes. Foi observada uma interação significativa entre o híbrido e o PD nos estádios V10, V15 e R1 (Quadro 5.3 do Apêndice). O Híbrido 2 pareceu ser mais negativamente influenciado pelo PD, no R1 o valor da altura da planta do Híbrido 2 foi 20 cm menor no PD2 comparado com o PD1, enquanto a altura do

Híbrido 1 foi numericamente maior no PD2. Esta capacidade do Híbrido 1 de conservar uma altura de planta mais elevada em DP mais elevada, comparada com a incapacidade do Híbrido 2, poderia refletir uma estratégia de conservação da água. É muito interessante que ambos os híbridos susceptíveis à seca (2 e 4) tenham tido alturas médias de plantas significativamente mais baixas nos estádios V15 e R1 para PD2 do que para PD1, enquanto que não houve uma queda significativa na altura da planta na densidade de plantas mais elevada nos seus homólogos tolerantes à seca (híbridos 1 e 3, respetivamente).

Na safra de 2013, a altura das plantas foi significativamente influenciada pelos híbridos (todos os estádios amostrados), e pelas taxas de N, em V10 e V15 (Figura 2.4; Tabela 5.2 do Apêndice). Em V5 o Híbrido 1 foi mais curto que o Híbrido 2, porém não houve diferença entre os Híbridos 3 e 4. Não houve evidência em 2013 de diferenças de altura entre híbridos tolerantes à seca e susceptíveis à seca em fases posteriores de crescimento (V10 e V15). A taxa zero de N teve em média alturas de plantas significativamente mais curtas em todas as fases de amostragem, e não houve interações entre híbridos com PD ou taxa de N em 2013.

A "resposta normal" do milho a uma DP mais elevada é o aumento da altura das plantas (SANGOI; SALVADOR, 1998; SANGOI; SILVA; ARGENTA, 2002) devido à competição pela luz (APHALO et al., 1999), mas nas nossas populações observámos uma influência negativa do aumento da DP (para os híbridos sensíveis à seca em 2012) ou uma influência neutra da DP na altura das plantas (2013) .

O diâmetro do caule em 2012 foi principalmente afetado pelo híbrido e pelo PD, e foi muito pouco afetado pelas taxas de N (Figura 2.5; Quadro 5.1 do Apêndice). O híbrido 1 teve caules consistentemente mais largos do que os outros (especialmente em relação aos híbridos 2 e 3) de V15 a R4. Como previsto, a maior DP afectou negativamente o diâmetro do caule em todas as fases de crescimento medidas. Em 2013 (Figura 2.6; Quadro 5.2 do Apêndice), todos os factores de tratamento influenciaram significativamente os diâmetros dos caules. O híbrido 3 teve um diâmetro de caule menor em relação aos outros híbridos nos estádios V10 e V14. De forma semelhante à época de 2012, em 2013 os caules apresentaram maior diâmetro em PD1 do que em PD2. O fator taxa de N impactou significativamente o diâmetro do colmo em todos os estádios amostrados em 2013, e principalmente em V14, quando o valor do colmo foi maior para a taxa de N 4. Em 2012, foi observada uma interação significativa entre híbrido versus PD, nos estádios R1 e R4 (Tabela 5.3 do Apêndice) porque foram observados valores muito menores para o Híbrido 2 quando a densidade da planta mudou de PD1 para PD2. Enquanto em 2013, uma interação híbrido por PD foi observada apenas no estágio V10 (Tabela 5.4 do Apêndice), porque os Híbridos 3 e 4 tiveram menor diâmetro do caule do que os Híbridos 1 e 2 no PD1, enquanto nenhuma diferença híbrida no diâmetro do caule foi observada no PD2.

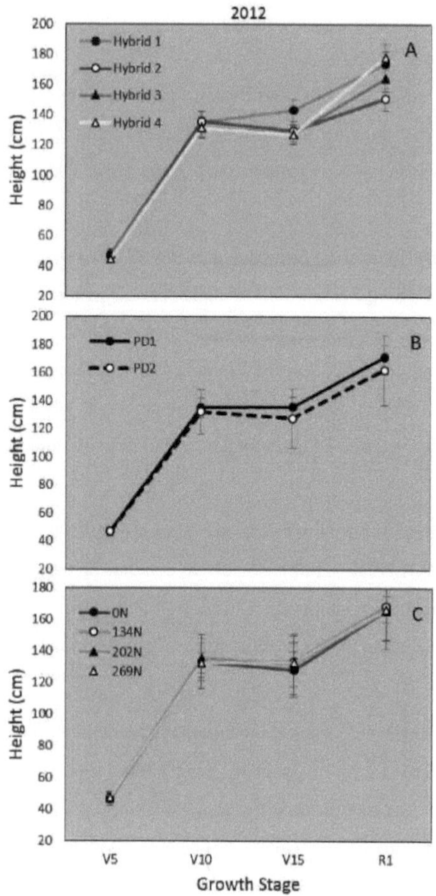

Figura 2.3 - Efeitos médios dos tratamentos na altura das plantas (cm) para os quatro híbridos (Híbrido 1 = AQUAmax^{TM} P1151, Híbrido 2 = P1162, Híbrido 3 =AQUAmax^{TM} P1498, Híbrido 4 = 33D49), cada nível de densidade de plantas (PD1 = 79.000; e PD2 = 104.000 pl ha^{-1}), e todos os quatro níveis de taxa de N (Nr1 = 0, Nr2 = 134, Nr3 = 202, e Nr4 = 269 kg N sidedress ha^{-1}) em quatro estágios de crescimento (V5, V10, V15, e R1) no sítio experimental PPAC, para a estação de crescimento de 2012 . Painel A = efeito de híbrido (média de PDs e taxas de N), Painel B = efeito de PD (média de híbridos e taxas de N), Painel C = efeito de taxa de N (média de híbridos e PDs)

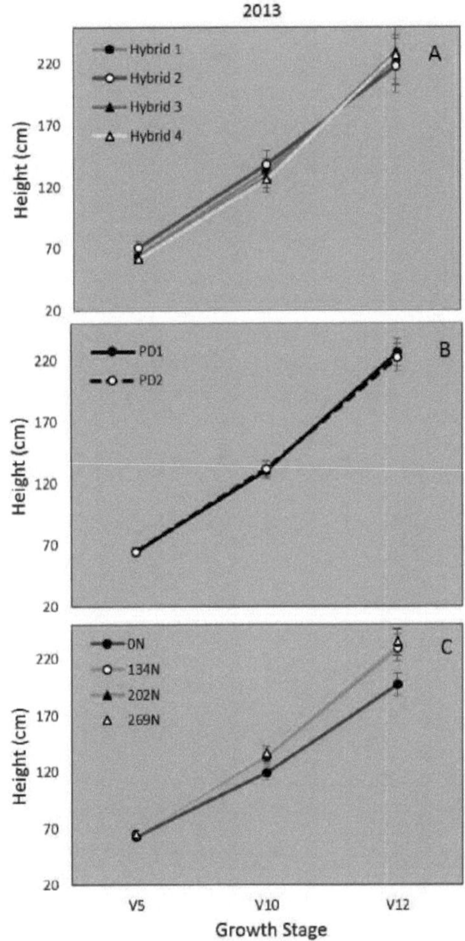

Figura 2.4 - Efeitos médios dos tratamentos na altura das plantas (cm) para os quatro híbridos (Híbrido 1 = AQUAmax^{TM} P1151, Híbrido 2 = P1162, Híbrido 3 = AQUAmax^{TM} P1498, Híbrido 4 = 33D49), cada nível de densidade de plantas (PD1 = 78.000; e PD2 = 99.000 pl ha^{-1}), e todos os quatro níveis de taxa de N (Nr1 = 0, Nr2 = 134, Nr3 = 202, e Nr4 = 269 kg N sidedress ha^{-1}) em quatro estágios de crescimento (V5, V10, V15, e R1) no sítio experimental PPAC, para a estação de crescimento de 2013. Painel A = efeito de híbrido (média de PDs e taxas de N), Painel B = efeito de PD (média de híbridos e taxas de N), Painel C = efeito de taxa de N (média de híbridos e PDs)

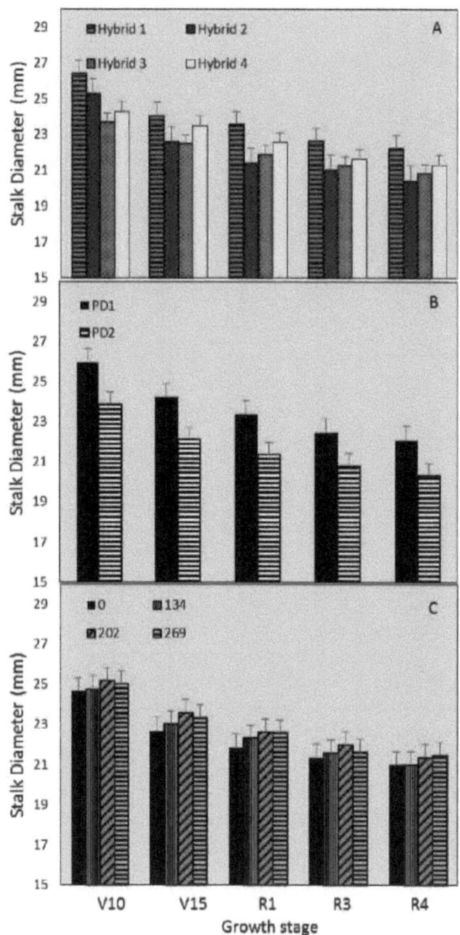

Figura 2.5 - Efeitos médios dos tratamentos no diâmetro do caule (mm) para os quatro híbridos (Híbrido 1 = AQUAmax^{TM} P1151, Híbrido 2 = P1162, Híbrido 3 =AQUAmax^{TM} P1498, Híbrido 4 = 33D49), cada nível de densidade de plantas (PD1 = 79.000; e PD2 = 104.000 pl ha^{-1}), e todos os quatro níveis de taxa de N (Nr1 = 0, Nr2 = 134, Nr3 = 202, e Nr4 = 269 kg N sidedress ha^{-1}) em quatro estágios de crescimento (V5, V10, V15, e R1) durante a estação de crescimento de 2012 no local experimental PPAC. Painel A = efeito de híbrido (média de PDs e taxas de N), Painel B = efeito de PD (média de híbridos e taxas de N), Painel C = efeito de taxa de N (média de híbridos e PDs)

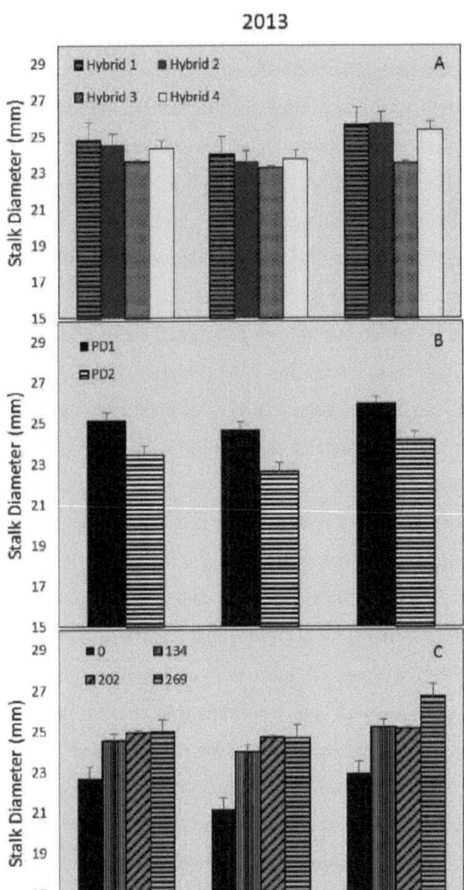

Figura 2.6 - Efeitos médios dos tratamentos no diâmetro do caule (mm) para os quatro híbridos (Híbrido 1 = AQUAmax[TM] P1151, Híbrido 2 = P1162, Híbrido 3 =AQUAmax[TM] P1498, Híbrido 4 = 33D49), cada nível de densidade de plantas (PD1 = 78.000; e PD2 = 99.000 pl ha^{-1}), e todos os quatro níveis de taxa de N (Nr1 = 0, Nr2 = 134, Nr3 = 202, e Nr4 = 269 kg N sidedress ha^{-1}) em três estágios de crescimento (V10, V12, e V14) durante a estação de crescimento de 2013 no local experimental PPAC. Painel A = efeito de híbrido (média de PDs e taxas de N), Painel B = efeito de PD (média de híbridos e taxas de N), Painel C = efeito de taxa de N (média de híbridos e PDs)

2.3.2.2 Valores SPAD

As estimativas da clorofila foliar foram efectuadas em 7 estádios de crescimento em 2012 (a partir do estádio V10 e continuando até ao estádio R5), mas apenas em 3 estádios de crescimento em 2013 (do V10 ao V14) devido a restrições de tempo. Houve efeitos significativos dos tratamentos nos valores SPAD em 2012 (Figura 2.7; Tabela 5.5 do Apêndice). O fator híbrido não foi significativo até aos estádios de desenvolvimento R3 e R4. Mesmo assim, as últimas diferenças significativas foram bastante pequenas e só foram significativas entre o Híbrido 2 e o Híbrido 4, não tolerantes à seca. Os valores SPAD foram, em média, maiores no PD1 do que no PD2, dos estádios V10 a R4. O efeito da taxa de N também foi menor até o final do enchimento de grãos; a maior diferença de tratamento foi entre as parcelas com e sem N (Figura 2.6 C). Em 2013 (Figura 2.8; Tabela 5.6 do Apêndice), as diferenças SPAD foram significativas para todos os efeitos de tratamentos em um ou mais estágios de crescimento. Na V12, os híbridos tolerantes à seca (Híbridos 1 e 3) apresentaram valores SPAD mais elevados em relação aos Híbridos 2 e 4. Os valores SPAD em PD1 foram maiores do que em PD2 para todos os estágios amostrados. A menor taxa de N 1 (zero N) apresentou o menor valor de SPAD. Esta diferença foi muito mais aparente em 2013 do que em 2012, presumivelmente devido às condições de seca e redução do crescimento da biomassa e absorção de N na temporada de 2012. Assim, neste estudo, os valores SPAD foram mais significativos nas fases posteriores. Estes resultados estão de acordo com o estudo efectuado por Argenta el al., (2001), que concluíram que o SPAD está positivamente correlacionado com a concentração de N nas folhas das plantas e isto é mais evidente nas fases mais tardias. Além disso, segundo Piekielek et al. (1995) e Dwyer, Tollenaar e Houwing (1991), o teor indireto de clorofila na folha pode ser usado para prever o nível nutricional de N nas plantas, pois a correlação com a quantidade de pigmento foi positiva com a concentração de N. Adicionalmente, Lindsey e Thomison (2014) em um estudo de campo realizado em 2013 e 2014, no noroeste (NWARS) e oeste (WARS) de Ohio, avaliando as respostas de dois híbridos tolerantes à seca e dois híbridos não tolerantes à taxa de aplicação de N sidedress (0, 67, 134, 202 e 269 kg N ha^{-1}) mediram o teor de clorofila (SPAD) em R2 e concluíram que o teor relativo de clorofila de cada híbrido apresentou uma resposta semelhante à taxa de N, com o teor máximo a ocorrer a 134 kg N ha^{-1} em ambos os locais em 2013.

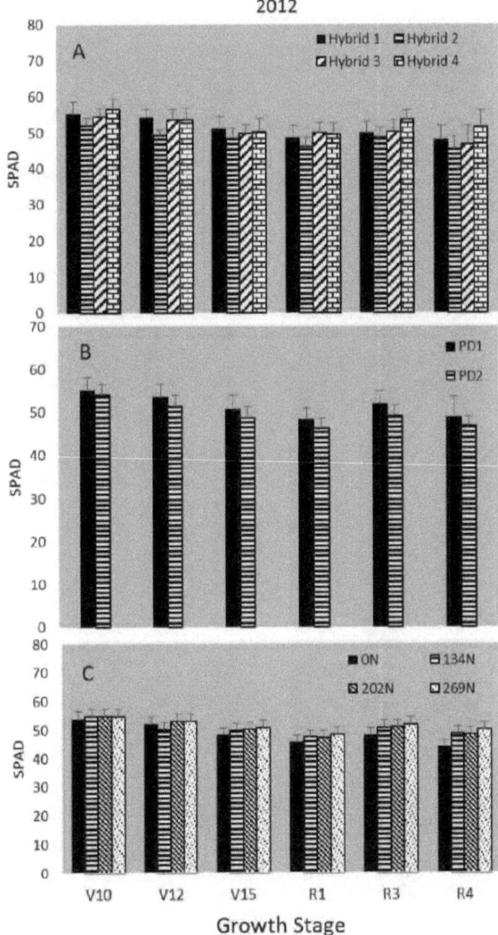

Figura 2.7 - Efeitos médios dos tratamentos no teor estimado de clorofila (SPAD) para os quatro híbridos (Híbrido 1 = AQUAmax^{TM} P1151, Híbrido 2 = P1162, Híbrido 3 =AQUAmax^{TM} P1498, Híbrido 4 = 33D49), cada nível de densidade de plantas (PD1 = 79.000; e PD2 = 104.000 pl ha^{-1}), e todos os quatro níveis de taxa de N (Nr1 = 0, Nr2 = 134, Nr3 = 202, e Nr4 = 269 kg N sidedress ha^{-1}) em sete estágios de crescimento (V10, V12, V15, R1, R3, R4, e R5) no local experimental PPAC, estação de crescimento de 2012. Painel A = efeito de híbrido (média de PDs e taxas de N), Painel B = efeito de PD (média de híbridos e taxas de N), Painel C = efeito de taxa de N (média de híbridos e PDs)

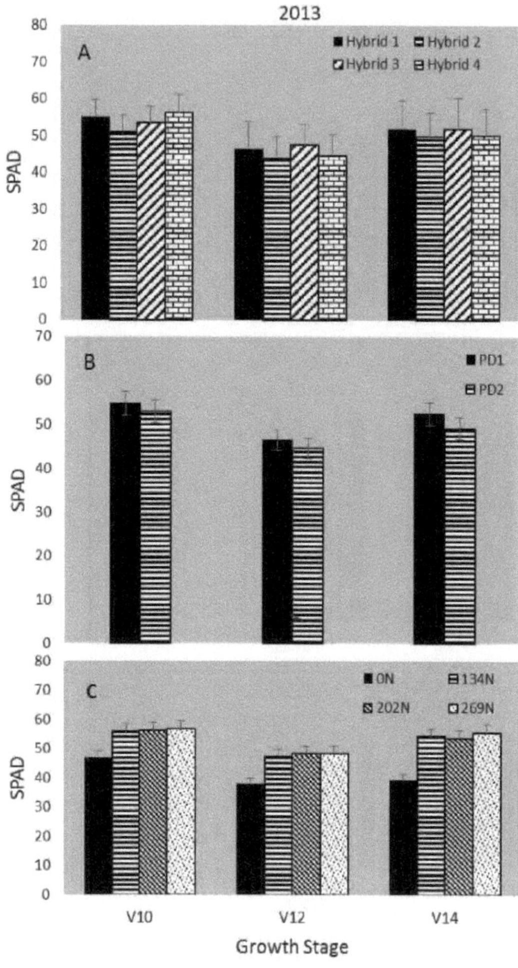

Figura 2.8 - Efeitos médios dos tratamentos no teor estimado de clorofila (SPAD) para os quatro híbridos (Híbrido 1 = AQUAmax™ P1151, Híbrido 2 = P1162, Híbrido 3 =AQUAmax™ P1498, Híbrido 4 = 33D49), cada nível de densidade de plantas (PD1 = 78.000; e PD2 = 99.000 pl ha^{-1}), e todos os quatro níveis de taxa de N (Nr1 = 0, Nr2 = 134, Nr3 = 202, e Nr4 = 269 kg N sidedress ha^{-1}) em três estágios de crescimento (V10, V12, e V14) no local experimental PPAC, estação de crescimento de 2013. Painel A = efeito de híbrido (média de PDs e taxas de N), Painel B = efeito de PD (média de híbridos e taxas de N), Painel C = efeito de taxa de N (média de híbridos e PDs)

2.3.3 Intervalo antese-silking (ASI)

A primeira alteração fisiológica que afecta o número de espigas e de grãos férteis por planta é o

38

intervalo de tempo entre a diferenciação das inflorescências masculinas e femininas (antese e silagem, respetivamente). Um intervalo de tempo mais longo altera as taxas de transporte de fito-hormonas e de hidratos de carbono no interior da planta. Assim, as espigas iniciadas mais tarde recebem menores quantidades destas substâncias e têm menos probabilidades de se tornarem funcionais (SANGOI, 2001). Quando a extrusão da seda é retardada, menos grãos potenciais (óvulos) se transformam em grãos reais, devido à menor probabilidade de polinização bem sucedida com pólen ainda viável.

Em 2012, o único efeito de tratamento único sobre o ASI (com base no tempo entre 50% de pólen e 50% de emergência da seda) foi devido ao híbrido, mas também foi observada uma interação híbrido versus PD (Tabela 2.12; Figura 2.2 A, e Apêndice Figura 5.1). A falta de um efeito significativo da taxa de N no ASI em 2012 não é surpreendente, uma vez que a humidade do solo foi a principal limitação para a produção de biomassa (e absorção de N) antes do período de floração. Também é possível que o efeito cumulativo da seca durante as fases vegetativas tenha causado diferenças mínimas de disponibilidade de humidade entre os tratamentos PD na floração. Enquanto os híbridos 1 e 3 (híbridos tolerantes à seca) não variaram em ASI, houve uma diferença significativa entre o híbrido 1 e o par formado pelos híbridos 2 e 4 (híbridos não tolerantes à seca). O híbrido 2 registou o período de ASI mais curto em comparação com os híbridos 1 e 4. Em 2013 (Tabela 2.12, e Figura 2.2 B), houve diferenças de ASI para ambos os factores híbrido e taxa de N. A maior sincronia entre a antese e a seda foi observada para o Híbrido 2, que foi diferente dos Híbridos 3 e 4. Para o fator taxa de N, apenas o tratamento controle (zero N) foi diferente dos tratamentos com N aplicado. Portanto, ao analisar o par de híbridos de mesma maturidade foi possível perceber que o Híbrido 3 apresentou um ISA numericamente menor que o Híbrido 4.

2.3.4 Análise da biomassa e dos nutrientes das plantas

2.3.4.1 Biomassa total e absorção e partição de nutrientes pelas plantas

Em 2012, a taxa de N foi o único fator que influenciou a acumulação de biomassa total da planta (BM) no final da estação, com a maior diferença entre os tratamentos não fertilizados e fertilizados com N (Tabela 2.2). As frações de grãos e espigas foram amplamente influenciadas por diferenças híbridas, enquanto a partição de palha foi mais significativamente influenciada pela taxa de N (Nr 1 < Nr 3 e 4). Sob condições climáticas mais normais na temporada de 2013 (Tabela 2.3), houve respostas significativas para ambos os fatores de tratamento híbrido e taxa de N, mas não para o fator PD. As massas de grãos, espigas e plantas totais responderam progressivamente mais alto com o aumento das taxas de N, enquanto a variável de palha não aumentou além da taxa de 134 kg ha⁻¹ N. O híbrido 2 obteve a maior biomassa total de plantas; não houve diferença estatística de biomassa total entre os outros híbridos, mas apenas entre eles e o híbrido 2.

O Índice de Colheita de Grãos (GHI) em 2012 (Tabela 2.2) foi afetado apenas pelo híbrido, não houve diferença entre o par formado pelo Híbrido 1 e 2, mas houve diferença entre os Híbridos 3 e 4 (Híbrido 4 > Híbrido 3). No entanto, foi observado um fatorial significativo (híbrido x PD) para o GHI em 2012 (Figura

2.17). Olhando para a resposta PD dentro dos híbridos, houve uma diferença significativa apenas entre os híbridos 1 e 4. O GHI no Híbrido 1 foi afetado negativamente pelo maior PD (PD1 > PD 2), mas o Híbrido 4 não foi afetado negativamente pelo maior PD (PD 1 < PD2). Para os híbridos no PD, no PD1 não houve diferença entre os híbridos 1 e 2, mas o híbrido 3 teve um valor menor que o híbrido 4 para o GHI. Ao analisar os híbridos no PD2, o Híbrido 4 foi o maior, e os híbridos tolerantes à seca tiveram valores menores que seus pares de mesma maturidade. No entanto, na época de 2013 (Tabela 2.3), todos os factores de tratamento foram significativos para o GHI; os híbridos tolerantes à seca tiveram um GHI mais elevado em comparação com os híbridos não tolerantes à seca. O GHI foi negativamente afetado pelo PD (PD1 > PD2), mas positivamente afetado pela taxa de N, uma vez que o GHI mais elevado ocorreu na taxa de N mais elevada (Nr4 > Nr2 > Nr 1). O GHI foi mais elevado em 2013 do que em 2012, o que pode ter acontecido devido às diferentes condições climatéricas entre as estações, com mais precipitação em 2013.

De forma semelhante ao ocorrido para a biomassa vegetal, a absorção total de N pelas plantas na safra 2012 foi afetada apenas pela taxa de N (Tabela 2.4), sendo que o maior valor para esta variável foi para os tratamentos adubados com N, havendo apenas diferença significativa entre os tratamentos com e sem adubação com N. Para o teor de N dos grãos, houve efeito significativo para híbrido (Híbrido 1 = Híbrido 2; Híbrido 3 < Híbrido 4) e para o fator taxa de N (Nr 4 > Nr 1).

Nos fatores avaliados em separado, para o teor de N na palha, apenas o fator taxa de N causou diferenças significativas, em 2012, sendo que os tratamentos adubados com N causaram maior teor de N na palha do que a testemunha sem N. No entanto, também houve interação significativa entre híbrido e PD (Figura 2.11). No fatorial Híbrido x PD, o N da palha foi maior para o Híbrido 1 em PD2 do que em PD1. Para os demais híbridos, não houve diferença significativa no teor de N do colmo entre os tratamentos com PD. Avaliando os pares de híbridos em relação ao fator PD, o Híbrido 1 não diferiu do Híbrido 2, mas o Híbrido 3, tolerante à seca, diferiu do Híbrido 4 (H1=H2; H3 > H4) no PD2, de modo que o Híbrido 3, tolerante à seca, apresentou maior valor em relação ao Híbrido 4, não tolerante à seca, para o teor de N da palha à medida que aumentou o PD.

Na estação de 2013, o consumo total de N da planta inteira na maturidade não foi muito diferente de 2012, mas o teor de N dos grãos de 2013 foi em média cerca de 28% maior, enquanto o teor de N do colmo de 2013 foi em média cerca de 41% menor do que em 2012 (Tabelas 2.4 e 2.5), isso aconteceu porque a diferença climática entre as estações: condições climáticas diferentes entre essas duas estações, com menos precipitação e consequentemente menor disponibilidade de água no solo em 2012 do que em 2013 influenciaram a partição de nitrogênio na planta entre as estações. Por conseguinte, o teor de azoto do caule foi mais elevado em 2012 do que em 2013 devido à deficiência de água para o processo de partição do azoto do caule para os grãos. Como consequência da precipitação mais normal em 2013 do que em 2012, foi observado um maior teor de N nos grãos. Os factores híbrido e taxa de N resultaram em diferenças significativas no teor de N dos grãos, mas não houve diferença entre os pares de híbridos com a mesma maturidade (Híbrido 1 = Híbrido 2; Híbrido 3 = Híbrido 4). Uma forte diferença para a taxa de N foi observada (Nr1 < Nr2 < Nr3 <

Nr4), Tabela 2.4, em comparação com 2012. Para o conteúdo de N do caule e absorção total de N da planta, os fatores híbrido e taxa de N também foram significativos. Para o teor de N da palha o híbrido 2 foi maior que o híbrido 1 e não houve diferença entre os híbridos 3 e 4, e a maior taxa de N aumentou o teor de N de forma previsível (Nr1 < Nr2 < Nr3=4). Para a absorção total de N pelas plantas, os Híbridos 1 e 2 foram superiores aos Híbridos 3 e 4 (não houve diferença entre os pares formados pelos Híbridos 1 e 2; e pelos Híbridos 3 e 4), cada incremento na taxa de N resultou em absorção total de N progressivamente maior.

Ao contrário do BM e da absorção de N, a absorção e partição de P na estação de 2012 só foi afetada pelo fator híbrido, mas não pela taxa de N (Tabela 2.6). O teor de P no colmo foi maior para o Híbrido 3 em comparação com o Híbrido 4, e a média numérica para o Híbrido 1, teor de P no colmo, foi maior do que o Híbrido 2, portanto, nesta estação seca, os híbridos tolerantes à seca (AQUAmax) apresentaram maior concentração de P no colmo do que os não tolerantes à seca. No entanto, foram observadas interações significativas do fatorial Híbrido e PD para o teor de P na palha (Figura 2.12) e para a absorção total de P pela planta (Figura 2.13). O Híbrido 4 apresentou o maior valor para o teor de P no grão, em relação ao Híbrido 3 e também aos outros híbridos, e a maior absorção total de P pela planta (Híbrido 4 > Híbrido 1 = 2), embora o Híbrido 4 não tenha diferido significativamente do Híbrido 3. Em um exame mais detalhado do fatorial Híbrido x PD para o teor de P no grão (Figura 2.12), houve apenas uma diferença de PD para o Híbrido 4, sendo que a PD2 afetou negativamente o teor de P no grão neste híbrido. Entre os híbridos de uma mesma PD, o Híbrido 4 apresentou o menor valor para o teor de P na PB na PD2, não havendo diferença entre os demais híbridos. Apenas o Híbrido 3, no fatorial PD versus Híbrido, demonstrou absorção de P total pela planta significativamente maior com PD2. Para a interação entre o híbrido e a densidade de plantas, o híbrido 4 respondeu com uma maior absorção de P total pelas plantas do que o híbrido 3. Não houve diferença entre os híbridos 1 e 2 na absorção de P total pelas plantas em qualquer PD. Os híbridos 3 e 4 obtiveram a maior absorção total de P em PD2, mas não houve diferença na absorção total de P entre pares de híbridos de maturidade semelhante.

Na época de 2013 (Quadro 2.7), o fator de tratamento da taxa de N foi significativo para estas variáveis de absorção de P dos componentes da planta; tanto o teor de P dos grãos como a absorção total de P da planta foram mais elevados na taxa de N 4 do que nas taxas de N 1 e 2. Em contraste com 2012, a absorção global de P aumentou de forma incremental com taxas de N mais elevadas em 2013. No entanto, para o teor de P do caule, o híbrido e a taxa de N foram significativos, o Híbrido 2 foi maior do que o Híbrido 1, enquanto o Híbrido 3 não diferiu do Híbrido 4. Portanto, a única diferença significativa observada foi entre os tratamentos fertilizados com N e não fertilizados, sendo o teor de P do caule superior no tratamento com zero N.

Registaram-se algumas diferenças na absorção e partição de P entre as épocas de seca e as épocas de clima mais normal. Em 2012 (época da seca), os híbridos tolerantes à seca (híbridos 1 e 3) apresentaram valores mais elevados para o teor de P do caule do que os não tolerantes à seca (híbridos 2 e 4). Este fator pode ser um mecanismo de tolerância à seca porque os híbridos tolerantes à seca têm uma maior área de raízes que podem explorar melhor o solo e fazer a absorção do nutriente P. A capacidade das plantas de acessar o P em condições limitantes depende de importantes caraterísticas adaptativas (LÓPEZ-BUCIO et al., 2000). Uma adaptação primária à baixa disponibilidade de P envolve mudanças de desenvolvimento pós-embrionário no sistema radicular, que são direcionadas para aumentar a absorção de P. Essas mudanças incluem alterações nos padrões de ramificação e no padrão de crescimento. Estas incluem alterações nos padrões de ramificação, comprimento total da raiz, alongamento dos pêlos radiculares e formação de raízes laterais (BATES; LYNCH, 1996; BORCH et al., 1999).

Os valores de absorção de K pelas plantas tenderam a ser muito mais baixos no ano de seca de 2012 (Tabela 2.8) do que em 2013 (Tabela 2.9). Em 2012, o fator híbrido foi significativo para o teor de K nos grãos, mas apenas o híbrido 3 diferiu do seu homólogo da mesma gama de maturidade (híbrido 3 < híbrido 4). Para a absorção total de K pela planta não houve diferença entre os híbridos com maturidade semelhante. A taxa de N foi significativa apenas para o conteúdo de K da palha e absorção total de K da planta (Nr4 = 3 > Nr1), respetivamente, na temporada de 2012 (Tabela 2.8). Em 2013 (Tabela 2.9), o teor de K do grão e o teor de K do caule foram afectados pelos factores de tratamento híbrido e taxa de N, mas a absorção total de K da planta foi apenas afetada pela taxa de N. Para o teor de K no grão, os híbridos tolerantes à seca não diferiram dos híbridos susceptíveis à seca com a mesma maturidade, enquanto que para esta variável o Nr4 conduziu ao maior valor (Nr4 > Nr2 > Nr1). Para o teor de K na palha, o híbrido 2 foi maior que todos os outros, e o Nr4 levou ao maior valor em relação aos Nr 1 e 2. A absorção total de K pela planta foi maior no Nr4 (Nr4> Nr2-3 > Nr1). Assim, na estação climática normal, os híbridos não tolerantes à seca apresentaram maiores valores para a absorção total de K pela planta, porém os híbridos tolerantes à seca foram numericamente maiores para o teor de S nos grãos do que os não tolerantes.

A partição de S foi afetada pelos tratamentos com híbridos e taxas de N em 2012 (Quadro 2.10), quando o teor de S nos grãos foi mais elevado no híbrido 4 (híbrido 4 > híbrido 3-2 > híbrido 1). Para a absorção total de S pela planta, o híbrido 4 também foi o maior. A taxa de N afectou apenas o teor de S do caule e a absorção total de S pela planta (Nr 1< Nr2-3-4). No entanto, foi observado um fatorial significativo entre híbridos versus PD para o teor de S da palha (Figura 2.14); apenas o híbrido 4 foi afetado negativamente pela PD2. Para os híbridos analisados separadamente em cada tratamento PD, houve apenas uma diferença significativa entre os híbridos no PD2 (Híbrido 3 > Híbrido 4) enquanto o Híbrido 1 não diferiu dos Híbridos 2-3). Em 2013 (Tabela 2.11), a maioria das variáveis de partição de S foi afetada pelo híbrido e pela taxa de N e foi observada uma faixa de valores semelhante à de 2012. No teor de S dos grãos, apenas o híbrido 4 diferiu dos híbridos 1 e 2, e o Nr 4 apresentou maior teor de S dos grãos que os Nr 1 e 2. Na absorção de S total pela planta, o Híbrido 2 apresentou o maior valor, e só houve diferença entre os tratamentos adubados com N̄ e não adubados (Nr1 < Nr2-3-4). O teor de S na palha foi afetado apenas pelos híbridos, sendo o híbrido 2 superior a todos os outros híbridos.

Da mesma forma que para o teor de P na palha, o Híbrido 3, tolerante à seca, no fatorial significativo para Híbrido x PD, apresentou maior teor de S na palha do que o Híbrido 4, o que também pode ser um mecanismo de tolerância à seca apresentado neste híbrido AQUAmax.

Neste estudo avaliámos também a absorção e a partição dos micronutrientes Zn, Fe, Mn e Cu, bem como os seus índices e eficiências de colheita, pelo que os dados são apenas apresentados no Apêndice (Quadros 5.7, 5.8, 5.9, 5.10, 5.11, 5.12, 5.13 e 5.14), mas não discutidos.

Em resumo, o BM e a absorção e partição de nutrientes das plantas (N, P, K e S) foram mais afectados pelas taxas de N do que pelos factores de tratamento híbrido ou densidade de plantas. Os maiores consumos de nutrientes foram normalmente observados nos tratamentos fertilizados com N, e principalmente para o tratamento com a maior taxa de N (Nr 4), em ambas as estações. Em um estudo de acúmulo e partição de nutrientes em híbridos de milho sob diferentes taxas de PD e N, Ciampitti et al. (2013a) relataram que a absorção de macronutrientes é predominantemente influenciada pela taxa de N, com maior absorção de P e K ocorrendo com taxas mais altas de N. Na estação seca (2012), observámos valores mais baixos para a biomassa total e a absorção total de K pelas plantas do que em 2013.

Em geral, todos os híbridos apresentaram maior BM com a fertilização com N. Em 2012, a BM ou GY global que respondeu às taxas de N foi menor do que em 2013; e as diferenças entre os híbridos afectaram mais as fracções de grão e espiga do que a fração de palha em 2012. Em 2013, as massas de grãos, espigas e plantas totais responderam progressivamente mais alto à medida que as taxas de N aumentaram. Ciampitti e Vyn (2012), avaliando híbridos de milho convencionais, encontraram um efeito semelhante. Os diferentes resultados em 2012 podem presumivelmente estar relacionados com baixos níveis de rendimento que restringiram a capacidade de resposta da biomassa de grãos a taxas de N mais elevadas. É interessante que a absorção total de N da planta foi semelhante em ambas as épocas, mas em 2013 o teor de N do grão foi mais elevado e o teor de N da palha foi mais baixo do que em 2012. Também em 2012, o híbrido 1 pareceu ser menos afetado pelo aumento das taxas de N, tanto para a biomassa como para a absorção de N. À semelhança da absorção de N e da BM, a absorção e a partição de P foram principalmente afectadas pelos híbridos em 2012, enquanto em 2013 tanto os híbridos como as taxas de N influenciaram a absorção de P. Embora a absorção total de P e S pelas plantas tenha sido semelhante em ambas as épocas, a absorção total de K pelas plantas foi muito mais elevada na época de condições climatéricas mais normais de 2013. As Figuras 2.27 e 2.28 revelam a relação entre o BM e a absorção de N, P, K e S. Independentemente dos factores de tratamento, um único declive ajustou-se a todos os pontos para as relações do BM com a absorção de N, P, K e S (r^2 = 0,72, 0,58, 0,74 e 0,84, respetivamente, em 2012; r^2 = 0,89, 0,28, 0,60 e 0,85, respetivamente, em 2013). Embora a BM afete a absorção de nutrientes pelas plantas, também é verdade que a formação da BM pode ser amplamente influenciada pela variação das taxas de N (CIAMPITTI; VYN, 2011). Em 2012 (época da seca), os híbridos tolerantes à seca (híbridos 1 e 3) apresentaram valores mais elevados para o teor de P na palha do que os não tolerantes à seca (híbridos 2 e 4). Este fator pode ser um mecanismo de tolerância à seca, porque o tolerante à seca pode utilizar o nutriente acumulado para melhorar a condutância da água na planta através da diminuição do potencial hídrico no interior da planta devido a uma maior concentração de nutrientes, e também pode utilizar o nutriente para os processos metabólicos na planta. No entanto, em 2013, o fator híbrido não foi significativo.

Tabela 2.2 - Biomassa vegetal (Mg ha^{-1}) de massa seca de grãos, espiga e componentes de palha para todos os híbridos de milho (Híbrido 1 = AQUAmax^{TM} P1151, Híbrido 2 = P1162, Híbrido 3 = AQUAmax^{TM} P1498, Híbrido 4 = 33D49) cultivados em duas densidades de plantas (PD1 = 79.000, PD2 = 104.000 pl ha^{-1}) e quatro taxas de N (Nr1 = 0, Nr2 = 134, Nr3 = 202, e Nr4 = 269 kg ha^{-1}) em 2012

	Peso do grão+ (Mg ha)$^{-1}$	Peso da espiga (Mg ha)$^{-1}$	Peso do caule (Mg ha)$^{-1}$	Peso total (Mg ha)$^{-1}$	GHI
Híbrido					
Hib 1	5.3 b	0.8 b	8.3	14.4	0,36 bc
Hib 2	6.6 b	1.3 a	7.7	15.5	0,42 ab
Hyb 3	5.7 b	1.3 a	8.9	15.8	0.35 c
Hyb 4	9.0 a	1.3 a	8.2	18.5	0.49 a
PD					
PD 1	6.4	1.2	8.2	15.8	0.40
PD 2	6.9	1.2	8.3	16.4	0.41
Nr					
Nº 1	6.3	1.1	7.2 b	14.6 b	0.43
Nº 2	6.9	1.2	8.3 ab	16.3 ab	0.41
Nº 3	6.6	1.2	8.9 a	16.7 a	0.37
Nº 4	6.9	1.2	8.6 a	16.7 a	0.4
Anova					
Hib	**	**	ns	ns	**
PD	ns	ns	ns	ns	ns
Nr	ns	ns	**	**	ns
Hyb x PD	ns	ns	*	ns	*
Hyb xNr	ns	ns	ns	ns	ns
PD x Nº	ns	ns	ns	ns	ns
Hyb x PD x Nr	ns	ns	ns	ns	ns

ns = não significativo; *=P<0,05; **=P<0,01; ***=P<0,0001;

+ = baseado em 3 repetições de amostragem de biomassa de plantas inteiras

Tabela 2.3 - Biomassa vegetal (Mg ha^{-1}) de matéria seca dos componentes grão, espiga e palha para todos os híbridos de milho (Híbrido 1 = AQUAmax^{TM} P1151, Híbrido 2 = P1162, Híbrido 3 = AQUAmax^{TM} P1498, Híbrido 4 = 33D49) cultivados em duas densidades de plantas (PD1 = 78.000, PD2 = 99.000 pl ha^{-1}) e quatro taxas de N (Nr1 = 0, Nr2 = 134, Nr3 = 202, e Nr4 = 269 kg ha^{-1}) em 2013

	Peso do grão+ (Mg ha)$^{-1}$	Peso da espiga (Mg ha)$^{-1}$	Peso do caule (Mg ha)$^{-1}$	Peso total (Mg ha)$^{-1}$	GHI
Híbrido					
Hib 1	12.6 a	1.2 c	7.3 b	20.7 b	0.55 a
Hib 2	12.0 a	1.6 a	8.2 a	22.0 a	0,51 bc
Hib 3	11.4 b	1.2 c	7.5 b	20.0 b	0.52 b
Hyb 4	10.7 b	1.4 b	7.6 b	19.6 b	0.50 c
PD					
PD 1	11.7	1.4	7.3 b	20.4	0.52 a
PD 2	11.7	1.3	8.0 a	20.8	0.51 b
Nr					
Nº 1	7.0 c	0.9 c	6.2 b	13.8 c	0.45 c
Nº 2	12.5 b	1.4 b	8.1 a	21.8 b	0.52 b
Nº 3	13.3 ab	1.5 ab	8.2 a	23.1 ab	0,54 ab
Nº 4	13.8 a	1.6 a	8.1 a	23.6 a	0.55 a
Anova					
Hib	**	**	**	**	**
PD	ns	ns	**	ns	**
Nr	**	**	**	**	**
Hyb x PD	ns	ns	ns	ns	ns
Hyb xNr	ns	ns	ns	ns	ns
PD x Nº	ns	ns	ns	ns	ns
Hyb x PD x Nr	ns	ns	ns	ns	ns

ns = não significativo; *=P<0,05; **=P<0,01; ***=P<0,0001;

+ = baseado em 3 repetições de amostragem de biomassa de plantas inteiras

2.3.5 Rendimento de grãos e seus componentes

O GY e seus componentes estão descritos nas Tabelas 2.13 e 2.14, para 2012 e 2013, respetivamente. Em 2012, a taxa de N e a PD não afectaram significativamente o KN, provavelmente devido a condições de seca mais limitantes na altura da floração. Só houve diferença entre o Híbrido 4 e todos os outros (Híbrido 4 (3101) > Híbrido 3 (1819); Híbrido 2 (2188) = 1 (1843)). Foi observado um fatorial significativo, híbrido x PD, para KN (Figura 2.9). A PD apresentou diferença apenas para o Híbrido 4, este híbrido não foi afetado pelas maiores PDs. Para os híbridos dentro do PD, para o PD 1 os híbridos não tolerantes à seca apresentaram maiores valores de KN do que os tolerantes à seca, e para o PD2, o Híbrido 4 apresentou o maior valor.

No entanto, ao contrário do KN, o KW em 2012 (Tabela 2.13) foi afetado por todos os factores de tratamento. Os híbridos tolerantes à seca apresentaram os valores mais elevados para esta variável, durante esta estação climática de seca. No entanto, os PDs mais elevados afectaram negativamente o KW, sendo a diferença superior a 10 mg de amêndoa entre PD1 e PD2. Entre os tratamentos com taxa de N, houve diferença apenas entre os tratamentos adubados e não adubados (Nr1 < Nr 2-3-4). Também foi observado um fatorial significativo (híbrido x PD) (Figura 2.9), sendo o KW maior para o híbrido 4 no PD1. Observando os híbridos nas PDs, o Híbrido 2 apresentou o menor valor de KW em relação a todos os outros híbridos na PD1.I Na PD2 o Híbrido 4 foi o único a ser negativamente afetado pela maior PD. O KW final do milho é o resultado do crescimento do grão durante dois estágios do período de enchimento de grãos, e esses estágios podem apresentar diferentes disponibilidades de recursos (CIRILO; ANDRADE, 1996). O peso do grão na maturidade fisiológica depende do tamanho potencial do grão estabelecido no início do enchimento do grão e da capacidade da planta em fornecer os assimilados necessários para realizar esse potencial durante o enchimento do grão (BORRAS; WESTGATE, 2006).

Diferenças significativas (p<0,05) em KN e KW também foram evidentes em todos os três fatores de tratamento (híbrido, densidade de plantas e taxa de N) em 2013 (Tabela 2.14). Os híbridos 1 (P1151) e 2 (P1162) tiveram os maiores valores de KW, mas os menores valores de KN, enquanto o híbrido 4 (33D49) teve exatamente os componentes de grãos opostos (ou seja, maior KN e menor KW). Como esperado, o KN e o KW foram maiores na densidade baixa e à medida que as taxas de N aumentaram, embora a taxa de N de 269 kg de N não tenha aumentado significativamente o KN ou o KW em relação à taxa de 202 kg de N. Os DP mais elevados não afectaram negativamente esta variável, e as taxas de N mais elevadas provocaram os maiores valores de KN; a diferença média entre Nr4 e Nr1 (zero N) foi de cerca de 2000 grãos m .$^{-2}$

É bem conhecido que o KN é normalmente o principal componente de rendimento de grãos em milho em diferentes ambientes (TOLLENAAR, 1977), e a variação genotípica no KN como mudanças na intensidade da seca também foi documentada por Chapuis et al. (2012), e Moradi et al. (2012). O estresse por nitrogênio reduz o número final de grãos (Kernel Number), aumentando o aborto de grãos (LEMCOFF; LOOMIS, 1986; PEARSON; JACOBS, 1987). O tamanho do sumidouro de grãos está altamente associado ao número de grãos em culturas de grãos, e o número de grãos é uma função do acúmulo de matéria seca da planta. No trigo (*Triticum aestivum* L.), o número de grãos foi linearmente relacionado com a radiação solar incidente nos 30 dias anteriores à antese numa variedade de ambientes (FISCHER, 1985). Andrade et al. (2000) sugerem que a deficiência hídrica e/ou de N reduzem a disponibilidade de carbono e a partição da MS seca para a espiga durante o período crítico que determina o número de grãos. Condições ambientais desfavoráveis podem causar uma redução no número de grãos por planta (FISCHER; PALMER, 1984; KINIRY; RITCHIE, 1985).

Os rendimentos globais de grãos foram muito elevados nesta experiência em 2013. As produtividades de grãos colhidos em conjunto de parcelas foram estatisticamente diferentes (P<0,05) para os fatores de tratamento híbrido e taxa de N (Tabela 2.14); os mesmos fatores de tratamento também foram significativamente diferentes para outras variáveis: absorção de N dos grãos, absorção de N total da planta, GHI e NHI. Observamos que o híbrido P1151 não diferiu do P1162, e diferiu apenas do P1498 e do 33D49. O híbrido 33D49 teve o menor rendimento de grãos, e este híbrido também foi significativamente menor em rendimento do que o seu homólogo de maturidade comparável (P1498). A absorção de N dos grãos foi semelhante para os híbridos P1151 e P1162, enquanto o 33D49 teve a menor absorção de N dos grãos. Para a absorção de N da planta inteira, não houve diferença entre P1151 e 1162, mas ambos os híbridos 111 CRM tiveram cerca de 10% mais absorção da planta total do que os híbridos 114 CRM P1498 e 33D49. O híbrido AQUAmax P1151, de maturação precoce, teve um índice de colheita de grãos e um índice de colheita de N significativamente mais elevado do que os outros 3 híbridos. Em 2012, as taxas de PD e N foram significativas (Tabela 2.13), de modo que o GY foi negativamente afetado pelas maiores PDs, e houve apenas diferença entre os tratamentos fertilizados com N e não fertilizados; GY em Nr1 (zero N) sendo aproximadamente 10 Mg ha^{-1} menor do que nos tratamentos fertilizados com N. Em contraste com o rendimento de grãos, o GHI é imparcialmente estável quando a densidade de plantas aumentou de baixos DPs para a densidade de plantas ideal para o rendimento de grãos, e o GHI diminui quando o PD aumenta além do PD ideal para GY (TOLLENAR, 2011). Entretanto, na safra 2013, os híbridos e as taxas de N foram significativos em relação ao GY, pois não houve diferença entre os Híbridos 1, 2 e 3, mas apenas com o Híbrido 4 (menor valor para essa variável). As taxas de N afetaram fortemente o GY, sendo a Nr4 a melhor (Nr1 < Nr2 < Nr3 < Nr4). A densidade de plantas é uma das práticas culturais que mais afeta o GY, devido à pequena capacidade de emissão de perfilhos férteis da cultura, sua organização floral monóica e curto período de floração (SANGOI, 2001). O uso de altas densidades estimula a dominância apical (SANGOI, 1996). Assim, a planta investe a maior parte dos recursos disponíveis na produção e dispersão do pólen, devido à queda nas taxas de crescimento e desenvolvimento das espigas e do estigma, levando à infertilidade feminina e à assincronia entre o lançamento do pólen e a silagem (Sangoi e Salvador, 1998a). Durante a época de seca, 2012, a maior DP teve influência no GY, mas não em 2013. No entanto, o GHI só foi afetado pelo maior DP na época de 2013, mas não em 2012. Argenta et al. (2001), analisando dois híbridos simples de milho semeados em quatro espaçamentos entre linhas (0,40, 0,60, 0,80 e 1,00 m) e duas populações (50.000 e 60.000 plantas ha-1), concluíram que o rendimento de grãos foi influenciado pela redução do espaçamento entre linhas e da densidade de plantas.

Os efeitos do stress hídrico no milho incluem os sintomas visíveis de atraso na maturação e redução da biomassa e do rendimento de grãos da cultura. Por exemplo, foi demonstrado que o stress hídrico no milho reduz a altura da planta (ÇAKIR, 2004) e o índice de área foliar (TRAORE et al., 2000). O rendimento dos grãos pode ser reduzido através da diminuição dos componentes do rendimento, como por exemplo o número e o peso dos grãos (OTEGUI; ANDRADE; SUERO 1995; PANDEY; MARANVILLE; ADMOU, 2000). Resultados de híbridos mais velhos e mais novos cultivados em dois DPs mostraram que o rendimento de grãos estava intimamente associado ao acúmulo de matéria seca (MS) durante o período de enchimento de grãos (TOLLENAR; LEE, 2011). Lindsey e Thomison (2014), em um estudo de campo que avaliou as respostas de dois híbridos tolerantes à seca e dois híbridos não-tolerantes à taxa de aplicação de N (0, 67, 134, 202 e 269 kg N ha^{-1}), sugeriram que os híbridos de milho tolerantes à seca apresentam respostas semelhantes de N aos híbridos não-tolerantes, e podem ser gerenciados usando as recomendações de N existentes.

2.3.6 Índices de colheita de nutrientes

Os valores globais do NHI foram muito mais baixos em 2012 do que em 2013. Ao contrário do GHI, em 2012, o fator híbrido e tratamento da taxa de N foram significativos para o NHI (Tabela 2.4, Figura 2.15) os híbridos tolerantes à seca foram inferiores em NHI aos híbridos não tolerantes à seca (Híbrido1 < Híbrido 2, e Híbrido 3 < Híbrido 4). Houve pouca resposta do NHI aos tratamentos com taxa de N entre a taxa de N 1 em relação à taxa de N 3 (Nr1 > Nr3). Em 2013 (Tabela 2.5, Figura 2.16), todos os fatores dos tratamentos foram significativos para o NHI; o Híbrido 1 teve maior NHI que o Híbrido 2, e não houve diferença entre os Híbridos 3 e 4. A maior PD (PD2) afetou negativamente o NHI em 2013, enquanto maiores valores de NHI foram observados nos tratamentos adubados com N (Nr1 < Nr2 < Nr4).

De forma semelhante para o GHI em 2012, no PHI apenas o fator híbrido foi significativo (Quadro 2.6, Figura 2.16); os híbridos não tolerantes à seca atingiram valores de PHI superiores aos híbridos tolerantes à seca (Híbrido 1 < 2; Híbrido 3 < 4). . No entanto, em 2013 apenas o fator taxa de N foi significativo para PHI (Tabela 2.6), o maior valor para essa variável foi para Nr4 (Nr4 > Nr2-3 > Nr1).

Os tratamentos híbridos, mas não os tratamentos PD ou de taxa de N, afectaram significativamente o KHI em 2012 (Quadro 2.8), o Híbrido 4 teve um KHI mais elevado do que os Híbridos 1 e 2, mas não foi encontrada qualquer diferença entre os híbridos com a mesma maturidade. Em 2013 (Tabela 2.9), o KHI foi afetado tanto pelos tratamentos com híbridos como pela taxa de N, mas os híbridos com a mesma maturidade não diferiram (Híbrido 1 > Híbrido 3 = Híbrido 4) e apenas se observou uma diferença de KHI entre os tratamentos com e sem N (Nr1< Nr2=3=4).

O SHI em 2012 foi afetado pelos tratamentos híbridos e taxa de N (Tabela 2.10), os híbridos tolerantes à seca apresentaram menores valores para esta variável (Híbrido 1 < 2; Híbrido 3 < 4), e o Híbrido 4 apresentou maior SHI que todos os outros híbridos enquanto o Nr1 maior que o Nr3 e Nr4. Em 2013, o SHI também foi afetado pelos três factores de tratamento (Quadro 2.11), o SHI foi afetado negativamente pelo maior PD (PD1 > PD2), não houve diferença entre os Híbridos 1 e 2, apenas entre os Híbridos 3 e 4 uma vez que o Híbrido 3 foi superior em SHI ao Híbrido 4. O valor mais elevado para o SHI foi para o Nr 4 (Nr4> Nr2-3 > Nr1).

Na época de 2013, a maioria dos índices de colheita de macronutrientes foram mais elevados do que os observados em 2012. Por exemplo, os híbridos 1, 2 e 3 tiveram um ganho incremental de aproximadamente 0,20 no NHI entre 2012 e 2013. Apenas os KHI foram semelhantes em ambas as estações. O PHI foi mais baixo do que o normal em 2012, mas também significativamente mais baixo nos híbridos tolerantes à seca do que nos dois híbridos mais susceptíveis à seca.

2.3.7 Eficiências internas de nutrientes

Em 2012, os fatores híbridos e tratamentos com taxa de N foram significativos para a Eficiência Interna do Nitrogênio, NIE (Híbrido 3 < 4; Híbrido 1 = Híbrido 2) e a taxa de N 1 foi a maior entre todas as taxas de N (Tabela 2.4). Foi observado um fatorial positivo, híbrido x PD, para NIE (Figura 2.18). Quando avaliamos a PD dentro dos híbridos, o híbrido 4 apresentou maior valor para NIE na PD2. Enquanto que para os demais híbridos, o Híbrido 4 foi maior que o Híbrido 3 na PD 1, e o Híbrido 4 respondeu melhor na PD2 que os demais híbridos. Para o NRE, apenas os híbridos causaram diferenças significativas (Híbrido 4 > 3; e Híbrido 1 = 2). Não houve factores de tratamento significativos para o NUE.

Na temporada de 2013 (Tabela 2.5), apenas o tratamento de taxa de N causou diferença para NIE (Nr1-2 > Nr4), e NRE (Nr2 > Nr3-4). No entanto, os fatores de tratamento de taxa de híbrido e N causaram diferenças para NUE; O híbrido 1 teve 6,7% de NUE do que o híbrido 2, mas não foram observadas diferenças de NUE entre os híbridos 3 e 4 (híbrido 1> híbrido 2, 3 e 4) e (Nr2> Nr3> Nr4).

Os valores de NRE, NIE e NUE, quando significativos para a taxa de N, foram maiores para os tratamentos com baixa taxa de N em ambas as estações. Na estação climática mais normal, o híbrido tolerante à seca (Híbrido 1) resultou no valor mais elevado de NUE.

Em 2012, o PIE foi afetado apenas pelo fator tratamento híbrido (Híbrido 2=4 > Híbrido 1 > Híbrido 3) e os híbridos tolerantes à seca foram inferiores aos híbridos não tolerantes à seca para esta variável (Tabela 2.6). Uma interação significativa entre híbrido e PD foi observada em 2012 (Figura 2.19). Ao analisar a DP dentro dos híbridos, houve diferenças de DP para os híbridos 1 e 4; a DP2 afetou negativamente o PIE no híbrido 1, mas positivamente no híbrido 4. Observando os híbridos nas DPs, o híbrido 3 teve o menor valor na DP1, e também o híbrido 1 foi afetado negativamente pela DP2. Na época de 2013 o PIE foi afetado apenas pela taxa de N (Nr1< Nr2=3=4), Tabela 2.7.

Ambos os factores de tratamento híbrido e taxa de N foram significativos para o KIE em 2012. Os híbridos tolerantes à seca apresentaram os menores valores (Híbrido 2 = 4 > Híbrido 1=3; e Nr1=2=4 > Nr3), Tabela 2.8. Em 2013, o KIE foi maior nos tratamentos adubados com N (Nr 1< Nr2=3=4), mas nenhum efeito de híbrido ou tratamento PD foi significativo (Tabela 2.9).

Portanto, o SIE em 2012 (Tabela 2.10) foi afetado apenas pelo híbrido, sendo que os híbridos mais suscetíveis à seca apresentaram valores superiores para o SIE em 2012. No entanto, em 2013

(Tabela 2.11), de forma semelhante ao PIE, a taxa de N foi o único fator significativo. A simples presença da fertilização com N resultou em maior SIE (Nr 2-4 > Nr1).

2.3.8 Rácios de nutrientes

A relação N/P foi afetada pelo híbrido e pela taxa de N (Nr) em 2012, mas apenas pelo Nr na safra de 2013 (Tabela 2.12). Em 2012, os híbridos 2 e 3 apresentaram os maiores valores para a relação N/P, e o Nr1 apresentou o menor valor para essa variável em ambas as safras. Foram observados fatoriais significativos de Híbrido x PD (Figura 2.22), e Híbrido x Nr (Figura 2.23). No fatorial híbrido x PD, analisando a PD dentro dos híbridos, só houve diferença para o Híbrido 2, sendo que a relação N/P aumentou na maior densidade de plantas. Analisando os híbridos dentro da PD, os Híbridos 1 e 2 foram os maiores na PD1. Portanto, na PD 2, o Híbrido 2 foi o menos afetado negativamente pela maior PD (Híbrido 2 > Híbrido 1; Híbrido 4 > Híbrido 3). Para o fatorial híbrido x N, para os híbridos 1 e 2 a maioria das taxas de N apenas diferiram de N zero, enquanto que para o híbrido 3 a taxa de N 3 conduziu ao maior valor de N/P, e no híbrido 4 a relação N/P foi mais elevada nas taxas de N mais elevadas. Observando os híbridos dentro das taxas de N, notamos que os híbridos 1 e 2 foram individualmente maiores na maioria deles, mas no Nr4 também o híbrido 4 respondeu com um valor maior para N/P, apenas o híbrido 3 teve o menor valor.

A relação N/K foi afetada pelo híbrido e pelo Nr em ambos os anos. De forma semelhante ao rácio N/P para os Híbridos 1 e 2, em 2012, estes híbridos foram novamente superiores aos Híbridos 3 e 4, e o Nr1 (zero N) despoletou o menor valor. Também, assim como para N/P, foram observados fatoriais significativos para a razão N/K entre Híbrido x PD (Figura 2.25), e Híbrido x Nr (Figura 2.26). Além disso, houve um fatorial significativo entre os três factores de tratamento (Híbrido x PD x Nr), Figura 2.24. Para o fatorial híbrido x PD, olhando para o PD dentro dos híbridos, só houve diferença entre os dois PD para o Híbrido 3, o N/K foi maior no PD 1, enquanto analisando os híbridos dentro dos PD, distinguimos que os Híbridos 1 e 2 tinham rácios N/K mais elevados em ambos os PD. Em seguida, para o fatorial híbrido x Nr, o Nr dentro dos híbridos, apresentou mais diferenças entre os tratamentos adubados com N e não adubados, porém para o Híbrido 4 o maior Nr não diferiu da adubação com zero N. Ao examinarmos os híbridos dentro das taxas de N também pudemos observar que os híbridos 1 e 2 apresentaram maiores relações N/K na maioria das taxas de N.

No entanto, em 2013, o híbrido 1 não diferiu na sua relação N/K do híbrido 2 e o híbrido 4 foi maior do que o híbrido 3, e as taxas mais elevadas de N causaram os maiores valores de N/K (Nr3-4 > Nr2 > Nr1). No entanto, a relação N/S foi afetada pelo híbrido apenas em 2012 e não em 2013, pela PD apenas em 2012 e pelo Nr em ambas as estações. Semelhante aos resultados da relação N/P e N/K em 2012, os híbridos 1 e 2 resultaram em maior N/S (embora não tenha havido diferença entre os híbridos de maturidade semelhante). O valor de N/S não foi afetado negativamente por uma maior PD, e quanto maior o Nr, maior o valor (Nr3=4 > Nr2 > Nr1). No entanto, em 2013 apenas o Nr foi significativo para N/S, foi o maior, e observou-se um aumento desta variável com o aumento das taxas de N (Nr 4> Nr3> Nr2 > Nr1). Em resumo, só houve diferença entre os híbridos de mesma maturidade para o par formado pelo Híbrido 3 e Híbrido 4 para a relação N/K em 2013, sendo que o Híbrido 3 apresentou um valor menor que o Híbrido 4 para esta variável.

2.3.9 Análise de regressão

A biomassa total da planta (BM) teve o maior valor de r^2 em relação à absorção total de S da planta, na época de 2012 (Figura 2.27). A correlação mais fraca entre a BM e a absorção de nutrientes foi com a absorção total de P da planta. A absorção total de N da planta foi o terceiro maior r^2 para BM x absorção de nutrientes (absorção total de S da planta > absorção total de K da planta > absorção total de N da planta > absorção total de P da planta). Em 2013 (Figura 2.28), a absorção de N teve a maior relação de regressão com a BM. No entanto, a absorção total de P da planta, tal como em 2012, teve os valores de correlação mais fracos (absorção total de N da planta > absorção total de S da planta > absorção total de K da planta > absorção total de P da planta).

Na estação climática normal de 2013, a absorção de N pelas plantas teve uma maior influência na biomassa total das plantas. No entanto, na estação seca de 2012, a absorção total de S pelas plantas resultou na maior regressão entre a BM e a absorção de nutrientes. A absorção total de P pelas plantas foi o macronutriente menos relacionado com a BM para todos os híbridos, em média, tanto em PD como em todas as taxas de N. Como resultado, foi observada uma influência positiva bastante substancial em relação à quantidade de absorção de nutrientes e BM, principalmente para N, K e S, em ambas as estações.

2.4 Conclusões

Na estação seca, os híbridos tolerantes à seca (Híbridos 1 e 3) apresentaram maiores valores para o teor de P na palha do que os não tolerantes à seca (Híbridos 2 e 4). O Híbrido 3, tolerante à seca, no fatorial significativo para Híbrido x PD, apresentou maior teor de S na palha do que o Híbrido 4, demonstrando que esses híbridos tolerantes à seca possuem maior área radicular do que os não tolerantes à seca.

Na época de 2013, a maioria dos índices de colheita de macronutrientes foram mais elevados do que os observados em 2012. Apenas o KHI foi semelhante em ambas as épocas. O PHI foi mais baixo do que o normal em 2012, mas também significativamente mais baixo nos híbridos tolerantes à seca do que nos dois híbridos mais susceptíveis à seca.

Todos os híbridos, quer sejam rotulados como mais tolerantes ou menos tolerantes à seca, responderam de forma semelhante em termos de rendimento de grãos aos tratamentos de densidade de plantas e taxa de N no ano de clima seco ou mais normal. Os híbridos AQUAmax (tolerantes à seca) não demonstraram melhoria no rendimento de grãos ou maior estabilidade de rendimento do que os não-AQUAmax (não tolerantes à seca). O híbrido 1 tolerante à seca (P1151) apresentou, em geral, um intervalo mais longo entre a antese e a muda do que o híbrido de maturidade comparável P1162 (na época de 2013). AQUAmax Hybrid P1498 geralmente mostrou uma floração ligeiramente mais precoce, e um intervalo mais curto entre a antese e a muda, do que o híbrido de maturidade comparável 33D49 em ambas as estações (2012 e 2013). O híbrido 1498 também teve números de grãos consistentemente mais baixos, mas pesos finais de grãos mais elevados do que o 33D49 em ambos os anos.

A obtenção de períodos mais curtos entre a antese e a silagem e a acumulação de mais nutrientes na palha, na estação seca, podem ser alguns dos mecanismos utilizados pelos híbridos tolerantes à seca para obter uma maior produção de BM das plantas e, possivelmente, um maior rendimento bruto.

Não houve evidências de que os híbridos AQUAmax fossem diferentes dos híbridos não AQUAmax em sua resposta aos fertilizantes N ou em sua eficiência de uso de N. Assim, é pouco provável que a gestão dos fertilizantes N deva mudar quando os híbridos AQUAmax são cultivados. Certamente, não há evidências de que as taxas ideais de fertilizantes N sejam menores para esses híbridos AQUAmax.

Tabela 2.4 - Partição de azoto (kg ha^{-1} peso seco) em componentes de grão, espiga e palha, índice de colheita de azoto (NHI), eficiência de utilização de azoto (NUE) kg de grão (kg N^{-1}) (ΔGY por unidade de N aplicado - em relação ao Nr1, tratamento de controlo), eficiência de recuperação de azoto (NRE), eficiência interna do azoto (NIE) na maturidade fisiológica para todos os híbridos de milho (Híbrido 1 = AQUAmax^{TM} P1151, Híbrido 2 = P1162, Híbrido 3 = AQUAmax^{TM} P1498, Híbrido 4 = 33D49) cultivados em duas densidades de plantas (PD1 = 79.000, PD2 = 104.000 pl ha^{-1}) e quatro taxas de N (Nr1 = 0, Nr2 = 134, Nr3 = 202, e Nr4 = 269 kg ha^{-} 1) em 2012

	N em grão (kg ha)$^{-1}$	Cob N (kg ha)$^{-1}$	N do caule (kg ha)$^{-1}$	Total N (kg ha)$^{-1}$	NHI	NUE	NRE	NIE
Híbrido								
Hib 1	77.6 b	6.6	108.2	192.3	0.40 c	3.2	0.18 c	28.4 b
Hib 2	96,9 ab	8.0	92.4	197.3	0.49 b	8.8	0,34 bc	33.8 b
Hib 3	86. 2 b	8.5	103.3	198.1	0,44 bc	3.9	0.35 b	29.0 b
Hyb 4	127.0 a	8.4	90.0	225.4	0.56 a	6.7	0.49 a	40.9 a
PD								
PD 1	94.8	6.8	97.0	199.6	0.47	5.0	0.30	32.4
PD 2	99.0	8.9	99.0	207.0	0.47	6.3	0.43	33.5
Nr								
Nº 1	81.3 b	6.9	70.5 c	158.7 b	0.51 a	-	-	39.8 a
Nº 2	100,3 ab	7.6	98.9 b	206.8 a	0,48 ab	7.4	0.39	33.6 b
Nº 3	100,5 ab	8.0	116.2 a	224.6 a	0.43 b	5.1	0.36	28.2 b
Nº 4	105.7 a	8.9	108,3 ab	222.9 a	0,47 ab	4.3	0.26	30.3 b
Anova								
Hyb	*	na	ns	ns	**	ns	**	**
PD	ns	na	ns	ns	ns	ns	ns	ns
Nr	*	na	***	***	*	ns	ns	***
Hyb x PD	ns	na	*	ns	ns	ns	ns	*
Hyb xNr	ns	na	ns	ns	ns	ns	ns	ns
PD x Nº	ns	na	ns	ns	ns	ns	ns	ns
Hyb x PD x Nr	ns	na	ns	ns	ns	ns	ns	ns

ns = não significativo; na = não disponível; *=P<0,05; **=P<0,01; ***=P<0,0001.

A concentração de nutrientes nas espigas para os mesmos tratamentos nas repetições 2 e 3 foi estimada a partir dos dados da repetição 1, mas ajustada para o peso de cada espiga da parcela individual, pelo que não foi possível efetuar uma análise estatística

Tabela 2.5 - Partição de azoto (kg ha^{-1} peso seco) em componentes de grão, espiga e palha, índice de colheita de azoto (NHI), eficiência de utilização de azoto (NUE) kg de grão (kg N^{-1}) (ΔGY por unidade de N aplicado - em relação ao tratamento de controlo Nrl), eficiência de recuperação de azoto (NRE), eficiência interna do azoto (NIE) na maturidade fisiológica para todos os híbridos de milho (Híbrido 1 = AQUAmax^{TM} P1151, Híbrido 2 = P1162, Híbrido 3 = AQUAmax^{TM} P1498, Híbrido 4 = 33D49) cultivados em duas densidades de plantas (PD1 = 78.000, PD2 = 99.000 pl ha^{-1}) e quatro taxas de N (Nr1 = 0, Nr2 = 134, Nr3 = 202, e Nr4 = 269 kg ha^{-} 1) em 2013

	N em grão (kg ha)$^{-1}$	Cob N (kg ha)$^{-1}$	N do caule (kg ha)$^{-1}$	Total N (kg ha)$^{-1}$	NHI	NUE	NRE	NIE
Híbrido								
Hib 1	135.8 a	8.4	52.8 b	197.0 a	0.67 a	40.7 a	0.55	68.0
Hib 2	128,9 ab	7.8	65.2 a	201.9 a	0.62 b	34.0 b	0.58	66.8
Hyb 3	119.6 a.C.	8.6	53.4 b	181.5 b	0.64 b	29.6 b	0.50	69.9
Hyb 4	113.9 c	8.9	55.1 b	178.0 b	0.62 b	33.4 b	0.55	66.4
PD								
PD 1	125.1	8.0	54.0	187.1	0.65 a	34.8	0.51	68.8
PD 2	124.0	8.8	59.3	192.1	0.62b	34.3	0.58	66.7
Nr								
N° 1	60.4 d	6.0	43.1 c	109.5 d	0.54 c	-	-	69.0 a
N° 2	125.2 c	9.2	57.2 b	191.7 c	0.65 b	43.3 a	0.63 a	70.8 a
N° 3	146.4 b	8.9	61.3 a	216.6 b	0,67 ab	33.7 b	0.53 b	67,5 ab
N° 4	166.2 a	9.5	65.0 a	240.7 a	0.69 a	27.8 c	0.49 b	63.5 b
Anova								
Hyb	**	na	*	*	**	**	ns	ns
PD	ns	na	ns	ns	*	ns	ns	ns
Nr	**	na	**	**	**	**	*	*
Hyb x PD	ns	na	ns	ns	ns	ns	ns	ns
Hyb xNr	ns	na	ns	ns	ns	ns	ns	ns
PD x N°	ns	na	ns	ns	ns	ns	ns	ns
Hyb x PD x N°	ns	na	ns	ns	ns	ns	ns	ns

ns = não significativo; na = não disponível; *=P<0,05; **=P<0,01; ***=P<0,0001.

A concentração de nutrientes na espiga para o mesmo tratamento nas repetições 2 e 3 foi estimada a partir dos dados da repetição 1, mas ajustada ao peso da espiga de cada parcela individual, pelo que não foi possível efetuar uma análise estatística.

Tabela 2.6 - Partição de fósforo (kg ha^{-1} peso seco) em componentes de grão, espiga e palha, índice de colheita de fósforo (PHI) e eficiência interna de fósforo (PIE) na maturidade fisiológica para todos os híbridos de milho (Híbrido 1 = AQUAmax^{TM} P1151, Híbrido 2 = P1162, Híbrido 3 = AQUAmax^{TM} P1498, Híbrido 4 = 33D49) cultivados em duas densidades de plantas (PD1 = 79.000, PD2 = 104.000 pl ha^{-1}) e quatro taxas de N (Nr1 = 0, Nr2 = 134, Nr3 = 202, e Nr4 = 269 kg ha^{-1}) em 2012_____

	P em grão (kg ha)$^{-1}$	Cob P (kg ha)$^{-1}$	P do caule (kg ha)$^{-1}$	P total (kg ha)$^{-1}$	PHI	PIE
Híbrido						
Hib 1	13.6 c	0.9	17.0 a	31.5 b	0.42 c	170.6 b
Hib 2	16.8 c	1.1	13.2 ab	31.2 b	0.53 b	219.2 a
Hyb 3	22.5 b	1.4	17.0 a	40,8 ab	0.54 b	137.8 c
Hyb 4	32.1 a	0.8	11.0 b	44.0 a	0.73 a	210.2 a
PD						
PD 1	20.5	0.8	15.1	36.4	0.54	180.4
PD 2	22	1.3	14	37.3	0.56	188.4
Nr						
N° 1	20.1	0.9	13.2	34.2	0.57	188
N° 2	21	1.2	14.4	36.6	0.56	202.3
N° 3	21.8	1	15.7	38.5	0.52	167.3
N° 4	22.1	1.2	14.9	38.3	0.56	180.2
Anova						
Hib	***	na	*	**	***	**
PD	ns	na	ns	ns	ns	ns
Nr	ns	na	ns	ns	ns	ns
Hyb x PD	ns	na	*	**	ns	**
Hyb xNr	ns	na	ns	ns	ns	ns
PD x N°	ns	na	ns	ns	ns	ns
Hyb x PD x Nr	ns	na	ns	ns	ns	ns

ns = não significativo; na = não disponível; *=P<0,05; **=P<0,01; ***=P<0,0001.

A concentração de nutrientes nas espigas para os mesmos tratamentos nas repetições 2 e 3 foi estimada a partir dos dados da repetição 1, mas ajustada para o peso de cada espiga da parcela individual, pelo que não foi possível efetuar uma análise estatística

Tabela 2.7 - Partição de fósforo (kg ha⁻¹ peso seco) em componentes de grão, espiga e palha, índice de colheita de fósforo (PHI) e eficiência interna de fósforo (PIE) na maturidade fisiológica para todos os híbridos de milho (Híbrido 1 = AQUAmax^{TM} P1151, Híbrido 2 = P1162, Híbrido 3 = AQUAmax^{TM} P1498, Híbrido 4 = 33D49) cultivados em duas densidades de plantas (PD1 = 78.000, PD2 = 99.000 pl ha⁻¹) e quatro taxas de N (Nr1 = 0, Nr2 = 134, Nr3 = 202, e Nr4 = 269 kg ha⁻¹) em 2013

	P em grão (kg ha⁻¹)	Cob P (kg ha⁻¹)	P do caule (kg ha⁻¹)	P total (kg ha⁻¹)	PHI	PIE
Híbrido						
Hib 1	34.6	0.46	5.3 b	40.4	0.83	347.1
Hib 2	32.8	0.42	8.0 a	41.6	0.8	332.5
Hyb 3	30.9	0.52	5.2 b	36.6	0.82	356.2
Hyb 4	29.5	0.61	5.5 b	35.6	0.8	339.7
PD						
PD 1	32.4	0.5	5.8	38.2	0.82	338.4
PD 2	31.4	0.5	6.2	38.2	0.81	349.6
Nr						
Nº 1	20.3 c	0.5	10.9 a	31.6 c	0.63 c	241.8 b
Nº 2	31.0 b	0.6	4.9 b	36,5 a.C.	0.84 b	387.6 a
Nº 3	35.3 ab	0.4	4.6 b	40,4 ab	0.87 b	376.6 a
Nº 4	40.8 a	0.4	3.7 b	44.9 a	0.90 a	364.6 a
Anova						
Hyb	ns	na	**	ns	ns	ns
PD	ns	na	ns	ns	ns	ns
Nr	**	na	**	**	**	**
Hyb x PD	ns	na	ns	ns	ns	ns
Hyb xNr	ns	na	ns	ns	**	ns
PD x Nº	ns	na	ns	ns	ns	ns
Hyb x PD x Nr	ns	na	ns	ns	ns	ns

ns = não significativo; na = não disponível; *=P<0,05; **=P<0,01; ***=P<0,0001.

A concentração de nutrientes nas espigas para os mesmos tratamentos nas repetições 2 e 3 foi estimada a partir dos dados da repetição 1, mas ajustada para o peso de cada espiga da parcela individual, pelo que não foi possível efetuar uma análise estatística

Tabela 2.8- Partição de potássio (kg ha^{-1} peso seco) em componentes de grãos, espiga e palha, índice de colheita de potássio (KHI) e eficiência interna de potássio (KIE) na maturidade fisiológica para todos os híbridos de milho (Híbrido 1 = AQUAmax^{TM} P1151, Híbrido 2 = P1162, Híbrido 3 = AQUAmax^{TM} P1498, e Híbrido 4 = 33D49) cultivados em duas densidades de plantas (PD1 = 79.000, PD2 = 104.000 pl ha^{-1}) e quatro taxas de N (Nr1 = 0, Nr2 = 134, Nr3 = 202, e Nr4 = 269 kg ha^{-1}) em 2012

	K em grão (kg ha)$^{-1}$	Cob K (kg ha)$^{-1}$	K do caule (kg ha)$^{-1}$	K total (kg ha)$^{-1}$	KHI	KIE
Híbrido						
Hib 1	18.9 b	6.9	84	109.7 b	0.17 b	49.7 b
Hib 2	21.5 b	8.4	80	110.0 b	0.20 b	61.4 a
Hyb 3	27.1 b	9.3	91.6	128.0 ab	0,21 ab	44.4 b
Hyb 4	38.2 a	16.3	99.5	154.1 a	0.25 a	60.2 a
PD						
PD 1	25.3	9.2	87	121.4	0.21	53.4
PD 2	27.6	11.3	90.6	129.5	0.21	54.4
Nr						
N° 1	25.2	9.8	75.0 b	110.0 b	0.23	58.1 a
N° 2	26.4	10.5	86,6 ab	123,5 ab	0.21	58.8 a
N° 3	26.7	10	99.9 a	136.6 a	0.19	46.7 b
N° 4	27.4	10.5	93.6 a	131.6 a	0.21	52.1 a
Anova						
Hyb	**	na	ns	*	**	**
PD	ns	na	ns	ns	ns	ns
Nr	ns	na	ns	**	ns	**
Hyb x PD	ns	na	ns	ns	ns	*
Hyb xNr	ns	na	ns	ns	ns	*
PD x N°	ns	na	ns	ns	ns	ns
Hyb x PD x Nr	ns	na	ns	ns	ns	ns

ns = não significativo; na = não disponível; *=P<0,05; **=P<0,01; ***=P<0,0001.

A concentração de nutrientes nas espigas para os mesmos tratamentos nas repetições 2 e 3 foi estimada a partir dos dados da repetição 1, mas ajustada para o peso de cada espiga da parcela individual, pelo que não foi possível efetuar uma análise estatística

Tabela 2.9- Partição de potássio (kg ha^{-1} peso seco) em componentes de grãos, espiga e palha, índice de colheita de potássio (KHI) e eficiência interna de potássio (KIE) na maturidade fisiológica para todos os híbridos de milho (Híbrido 1 = AQUAmax^{TM} P1151, Híbrido 2 = P1162, Híbrido 3 = AQUAmax^{TM} P1498, e Híbrido 4 = 33D49) cultivados em duas densidades de plantas (PD1 = 78.000, PD2 = 99.000 pl ha^{-1}) e quatro taxas de N (Nr1 = 0, Nr2 = 134, Nr3 = 202, e Nr4 = 269 kg ha^{-1}) em 2013

	K em grão (kg ha)$^{-1}$	Cob K (kg ha)$^{-1}$	K do caule (kg ha)$^{-1}$	K total (kg ha)$^{-1}$	KHI	KIE
Híbrido						
Hib 1	47.5 a	10.3	98.4 b	156.3	0.30 a	85.2
Hib 2	46.0 a	10.2	115.8 a	172.4	0,27 ab	77.8
Hyb 3	43,5 ab	11.6	108.5 b	163.7	0.26 b	77.3
Hyb 4	37.0 b	16.6	96.4 b	150.1	0.24 b	77.3
PD						
PD 1	44.2	11.7	101.4	157.3	0.28	80.3
PD 2	43	12.8	108.1	163.7	0.26	78.5
Nr						
N° 1	29.1 c	10.2	87.5 c	125.9 c	0.23 b	59.3 b
N° 2	43.8 b	13.7	104.5 b	162.0 b	0.27 a	84.8 a
N° 3	47,6 ab	12.8	107,2 ab	167.7 b	0.28 a	88.8 a
N° 4	53.6 a	12.2	119.8 a	185.6 a	0.29 a	83.4 a
Anova						
Hyb	*	na	*	ns	**	ns
PD	ns	na	ns	ns	ns	ns
Nr	*	na	*	**	**	**
Hyb x PD	ns	na	ns	ns	ns	ns
Hyb xNr	ns	na	ns	ns	ns	ns
PD x N°	ns	na	ns	ns	ns	ns
Hyb x PD x Nr	ns	na	ns	ns	ns	ns

ns = não significativo; na = não disponível; *=P<0,05; **=P<0,01; ***=P<0,0001.

A concentração de nutrientes nas espigas para os mesmos tratamentos, repetições 2 e 3, foi estimada a partir dos dados da repetição 1, mas ajustada para o peso de cada espiga da parcela individual, pelo que não foi possível efetuar uma análise estatística

Tabela 2.10 - Partição de enxofre (kg ha^{-1} peso seco) em componentes de grãos, espiga e palha, índice de colheita de enxofre (SHI) e eficiência interna de enxofre (SIE) na maturidade fisiológica para todos os híbridos de milho (Híbrido 1 = AQUAmax^{TM} P1151, Híbrido 2 = P1162, Híbrido 3 = AQUAmax^{TM} P1498, Híbrido 4 = 33D49) cultivados em duas densidades de plantas (PD1 = 79.000, PD2 = 104.000 pl ha^{-1}) e quatro taxas de N (Nr1 = 0, Nr2 = 134, Nr3 = 202, e Nr4 = 269 kg ha^{-1}) em 2012

	Grão S (kg ha)$^{-1}$	Cob S (kg ha)$^{-1}$	Stover S (kg ha)$^{-1}$	Total S (kg ha)$^{-1}$	SHI	SIE
Híbrido						
Hib 1	5.6 c	0.4	7.3	13.1 c	0.42 c	386.0 b
Hib 2	6.9 b	0.5	6.1	14.2 a.C.	0.50 b	493.2 a
Hib 3	6.8 b	0.7	7.5	14.8 b	0,45 bc	374.9 b
Hyb 4	9.6 a	0.5	6.7	16.7 a	0.57 a	538.4 a
PD						
PD 1	7.2	0.4	7	14.6	0.5	436.2
PD 2	7.2	0.6	6.8	14.7	0.5	460.2
Nr						
N° 1	7.1	0.5	5.7 b	13.3 b	0.53 a	471.8
N° 2	7.5	0.6	7.0 a	15.1 a	0,49 ab	459.6
N° 3	7.2	0.5	7.7 a	15.4 a	0,45 bc	409.4
N° 4	7.2	0.6	7.1 a	15.0 a	0.47 b	451.9
Anova						
Hyb	**	na	ns	**	**	**
PD	ns	na	ns	ns	ns	ns
Nr	ns	na	**	*	*	ns
Hyb x PD	ns	na	*	ns	ns	**
Hyb xNr	ns	na	ns	ns	ns	ns
PD x N°	ns	na	ns	ns	ns	ns
Hyb x PD x Nr	ns	na	ns	ns	ns	ns

ns = não significativo; na = não disponível; *=P<0,05; **=P<0,01; ***=P<0,0001

A concentração de nutrientes nas espigas para os mesmos tratamentos nas repetições 2 e 3 foi estimada a partir dos dados da repetição 1, mas ajustada para o peso de cada espiga da parcela individual, pelo que não foi possível efetuar uma análise estatística

Tabela 2.11 - Partição de enxofre (kg ha^{-1} peso seco) em componentes de grãos, espiga e palha, índice de colheita de enxofre (SHI) e eficiência interna de enxofre (SIE) na maturidade fisiológica para todos os híbridos de milho (Híbrido 1 = AQUAmax^{TM} P1151, Híbrido 2 = P1162, Híbrido 3 = AQUAmax^{TM} P1498, Híbrido 4 = 33D49) cultivados em duas densidades de plantas (PD1 = 78.000, PD2 = 99.000 pl ha^{-1}) e quatro taxas de N (Nr1 = 0, Nr2 = 134, Nr3 = 202, e Nr4 = 269 kg ha^{-1}) em 2013

	Grão S (kg ha)$^{-1}$	Cob S (kg ha)$^{-1}$	Stover S (kg ha)$^{-1}$	Total S (kg ha)$^{-1}$	SHI	SIE
Híbrido						
Hib 1	9.1 a	0.4	4.0 b	13.5 b	0.66 a	974.2
Hib 2	9.7 a	0.3	4.8 a	14.8 a	0.64 a	884.2
Hyb 3	8.9 ab	0.4	4.0 b	13.8 b	0.65 a	943.7
Hyb 4	8.1 b	0.4	4.0 b	12.5 c	0.63 b	918.6
PD						
PD 1	9.1	0.4	4	13.5	0.66 a	928.9
PD 2	8.9	0.4	4.4	13.6	0.64 b	932.4
Nr						
Nº 1	5.3 c	0.3	4	9.6 b	0.55 c	773.1 b
Nº 2	9.5 b	0.4	4.3	14.2 a	0.67 b	919.7 a
Nº 3	10.3 ab	0.4	4.4	15.1 a	0.68 b	892,4 ab
Nº 4	10.7 a	0.4	4.2	15.3 a	0.70 a	1007.0 a
Anova						
Hib	**	na	**	**	*	ns
PD	ns	na	ns	ns	*	ns
Nr	**	na	ns	**	*	**
Hyb x PD	ns	na	ns	ns	ns	ns
Hyb xNr	ns	na	ns	ns	ns	ns
PD x Nº	ns	na	ns	ns	ns	ns
Hyb x PD x Nr	ns	na	ns	ns	ns	ns

ns = não significativo; na = não disponível; *=P<0,05; **=P<0,01; ***=P<0,0001

A concentração de nutrientes nas espigas para os mesmos tratamentos nas repetições 2 e 3 foi estimada a partir dos dados da repetição 1, mas ajustada para o peso de cada espiga da parcela individual, pelo que não foi possível efetuar uma análise estatística

Tabela 2.12 - Razões de nitrogênio da planta para fósforo (N/P), potássio (N/K) e enxofre (N/S), e intervalo antese-ensilagem (ASI) na maturidade fisiológica para todos os híbridos de milho (Híbrido 1 = AQUAmax^{TM} P1151, Híbrido 2 = P1162, Híbrido 3 = AQUAmax^{TM} P1498, Híbrido 4 = 33D49, e Híbrido 5 = P1184) cultivados em duas densidades de plantas (PD1=79.000, PD2=104.000 pl ha^{-1}) e (PD1 = 78.000, PD2 = 99.000 pl ha^{-1}) temporadas de 2012 e 2013, respetivamente, e quatro taxas de N (Nr1 = 0, Nr2 = 134, Nr3 = 202, e Nr4 = 269 kg ha^{-1}) em 2012 e 2013

	Rácio N/P		Rácio N/K		Rácio N/S		ASI R1 (dias)	
	2012	2013	2012	2013	2012	2013	2012	2013
Híbrido								
Hib 1	6.23 a	5.06	1.79 a	1.25 a	14.26 a	14.34	5.6 a	0,5 bc
Hib 2	6.65 a	5.09	1.81 a	1.16 ab	14.67 a	13.4	3.5 b	0.29 c
Hyb 3	4.80 b	5.12	1.56 b	1.11 b	13.18 b	13.58	4.4 ab	0,75 ab
Hyb 4	5.10 b	5.14	1.47 b	1.17 a	13.31 b	13.94	5.6 a	1.0 a
PD								
PD 1	5.64	4.99	1.66	1.18	13.67 b	13.65	4.3	0.52
PD 2	5.75	5.22	1.65	1.17	14.04 a	14	5.2	0.75
Nr								
Nº 1	4.78 b	3.51 b	1.47 b	0.86 c	11.95 c	11.27 d	5.1	1.54 a
Nº 2	5.93 a	5.52 a	1.75 a	1.20 b	13.79 b	13.55 c	4.5	0.21 b
Nº 3	6.09 a	5.57 a	1.67 a	1.32 a	14.69 a	14.48 b	4.9	0.46 b
Nº 4	5.96 a	5.74 a	1.74 a	1.31 a	14.97 a	15.88 a	4.5	0.33 b
Anova								
Hib	**	ns	**	*	**	ns	*	*
PD	ns	ns	ns	ns	*	ns	ns	ns
Nr	**	**	**	**	**	**	ns	**
Hyb x PD	**	ns	*	ns	ns	ns	*	ns
Hyb xNr	*	ns	**	ns	ns	ns	ns	ns
PD x Nº	ns	ns	ns	ns	ns	ns	ns	ns
Hyb x PD x Nr	ns	ns	**	ns	ns	ns	ns	ns

ns = não significativo; *=P<0,05; **=P<0,01; ***=P<0,0001

Tabela 2.13 - Rendimento de grãos (155 g kg^{-1} umidade) da colheita da colheitadeira (GY), índice de colheita de grãos (GHI), número de grãos (KN), peso do grão (KW), na maturidade fisiológica para todos os híbridos de milho (Híbrido 1 = AQUAmax^{TM} P1151, Híbrido 2 = P1162, Híbrido 3 = AQUAmax^{TM} P1498, e Híbrido 4 = 33D49) cultivados em duas densidades de plantas (PD1=79.000, PD2=104.000 pl ha^{-1}) e quatro taxas de N (Nr1 = 0,Nr2 = 134, Nr 3 = 202, e Nr 4 = 269 kg ha^{-1}) em 2012

	GY+ (Mg ha)$^{-1}$	KN (kernel m)$^{-2}$	KW (mg de amêndoa)$^{-1}$
Híbrido			
Hib 1	6.81	1843 b	347 a
Hib 2	6.94	2188 b	337 ab
Hib 3	7.12	1819 b	352 a
Hyb 4	8.57	3101 a	323 b
PD			
PD 1	8.13 a	2154	346 a
PD 2	6.59 b	2322	334 b
Nr			
N° 1	6.59 b	2163	321 b
N° 2	7.56 a	2376	351 a
N° 3	7.60 a	2067	347 a
N° 4	7.67 a	2346	340 a
Anova			
Hib	ns	**	**
PD	***	ns	*
Nr	**	ns	**
Hyb x PD	**	**	**
Hyb xNr	ns	ns	ns
PD x N°	ns	ns	ns
Hyb x PD x Nr	ns	ns	ns

ns = não significativo; *=P<0,05; **=P<0,01; ***=P<0,0001

+ = baseado em 5 repetições

Tabela 2.14 - Rendimento de grãos (155 g kg⁻¹ umidade) da colheita da colheitadeira (GY), índice de colheita de grãos (GHI), número de grãos (KN), peso do grão (KW), na maturidade fisiológica para todos os híbridos de milho (Híbrido 1 = AQUAmax^{TM} P1151, Híbrido 2 = P1162, Híbrido 3 = AQUAmax^{TM} P1498, Híbrido 4 = 33D49, e Híbrido 5 = P1184) cultivados em duas densidades de plantas (PD1 = 78.000, PD2 = 99.000 pl ha⁻¹) e quatro taxas de N (Nr1 = 0, Nr2 = 134, Nr3 = 202, e Nr4 = 269 kg ha⁻¹) em 2013

	GY+ (Mg ha)⁻¹	KN (kernel m)⁻²	KW (mg de amêndoa)⁻¹
Híbrido			
Hib 1	13.24 a	4074 c	295 a
Hib 2	12.96 a	3827 d	304 a
Hib 3	12.68 a	4522 b	249 b
Hyb 4	11.56 b	4839 a	227 c
PD			
PD 1	12.61	4196 b	274 a
PD 2	12.71	4435 a	263 b
Nr			
Nº 1	7.44 d	2773 c	247 c
Nº 2	13.38 c	4672 b	265 b
Nº 3	14.46 b	4898 ab	278 a
Nº 4	15.14 a	4919 a	286 a
Anova			
Hyb	**	**	**
PD	ns	**	**
Nr	**	**	**
Hyb x PD	ns	ns	ns
Hyb xNr	ns	ns	ns
PD x Nº	ns	ns	ns
Hyb x PD x Nr	ns	ns	ns

ns = não significativo; *=P<0,05; **=P<0,01; ***=P<0,0001.

+ = baseado em 5 repetições

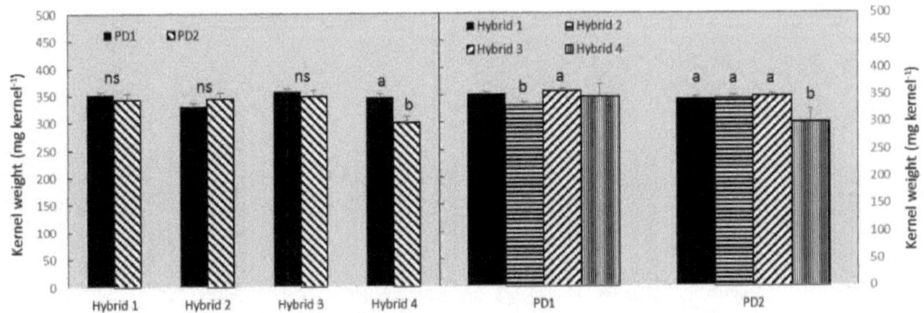

Figura 2.9 - Teste de separação de médias para o peso do grão (mg grão^{-1}) em relação ao fatorial Híbrido x PD, para cada híbrido (Híbrido 1 = AQUAmax^{TM} P1151, Híbrido 2 = P1162, Híbrido 3 =AQUAmax^{TM} P1498, Híbrido 4 = 33D49) e ambas as densidades de plantas (PD1 = 79.000; e PD2 = 104.000 pl ha^{-1}), quando calculadas as médias das 4 taxas de N em 2012

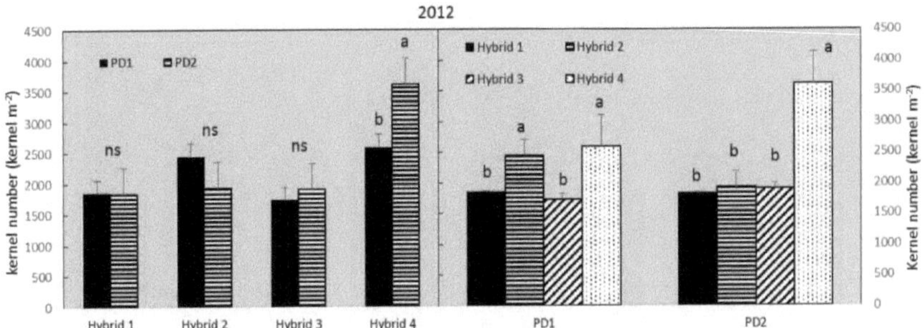

Figura 2.10 - Teste de separação de médias para o número de grãos (espiga^{-1}) em relação ao fatorial Híbrido x PD, para cada híbrido (Híbrido 1 = AQUAmax^{TM} P1151, Híbrido 2 = P1162, Híbrido 3 =AQUAmax^{TM} P1498, Híbrido 4 = 33D49) e ambas as densidades de plantação (PD1 = 79.000; e PD2 = 104.000 pl ha^{-1}), quando calculadas as médias das 4 doses de N em 2012

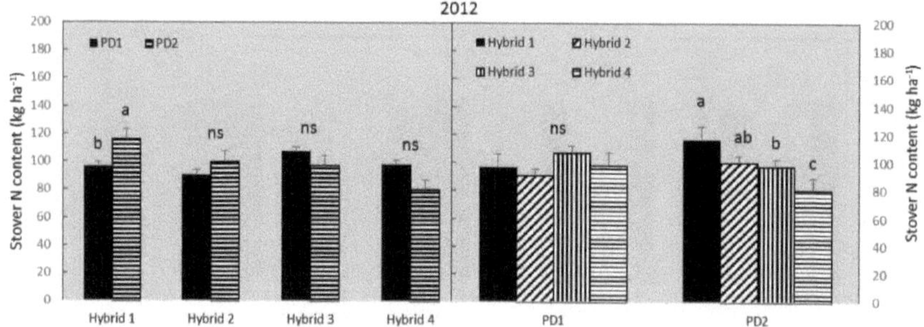

Figura 2.11 - Teste de separação de médias para o teor de N do colmo (kg ha^{-1}) em relação ao fatorial Híbrido x PD, para cada híbrido (Híbrido 1 = AQUAmax^{TM} P1151, Híbrido 2 = P1162, Híbrido 3 =AQUAmax^{TM} P1498, Híbrido 4 = 33D49) e ambas as densidades de plantas (PD1 = 79.000; e PD2 = 104.000 pl ha^{-1}), quando calculadas as médias das 4 taxas de N em 2012

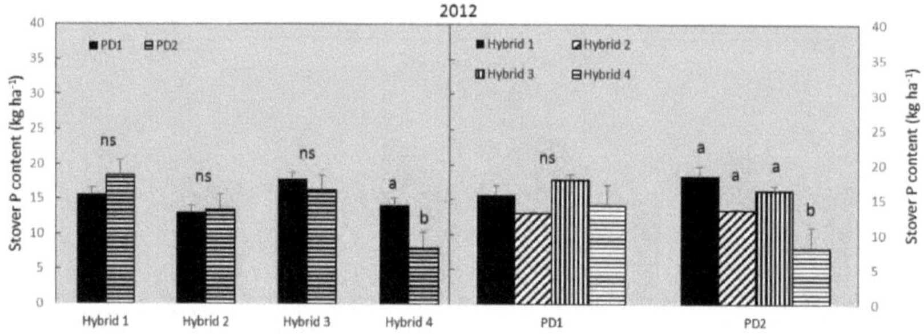

Figura 2.12 - Teste de separação de médias para o teor de P do colmo (kg ha^{-1}) em relação ao fatorial Híbrido x PD, para cada híbrido (Híbrido 1 = AQUAmax^{TM} P1151, Híbrido 2 = P1162, Híbrido 3 =AQUAmax^{TM} P1498, Híbrido 4 = 33D49) e ambas as densidades de plantas (PD1 = 79.000; e PD2 = 104.000 pl ha^{-1}), quando calculadas as médias de todas as taxas de N em 2012

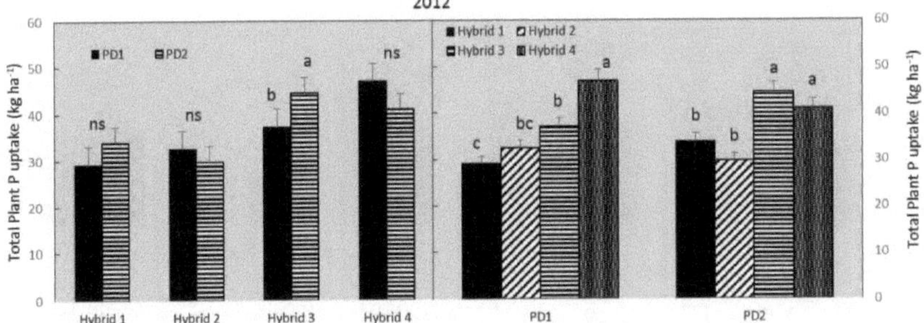

Figura 2.13 - Teste de separação de médias para a absorção total de P pelas plantas (kg ha^{-1}) em relação ao fatorial Híbrido x PD, para cada híbrido (Híbrido 1 = AQUAmax^{TM} P1151, Híbrido 2 = P1162, Híbrido 3 =AQUAmax^{TM} P1498, Híbrido 4 = 33D49) e ambas as densidades de plantas (PD1 = 79.000; e PD2 = 104.000 pl ha^{-1}), quando calculadas as médias das 4 taxas de N em 2012

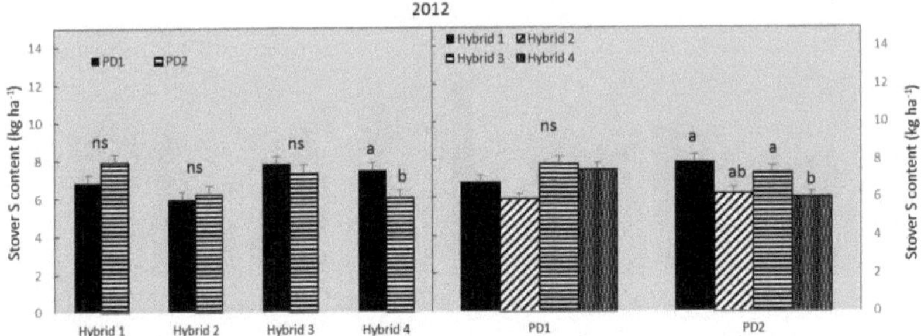

Figura 2. 14 - Teste de separação de médias para o teor de S na palha (kg ha^{-1}) em relação ao fatorial Híbrido x PD, para cada híbrido (Híbrido 1 = AQUAmax^{TM} P1151, Híbrido 2 = P1162, Híbrido 3 =AQUAmax^{TM} P1498, Híbrido 4 = 33D49) e ambas as densidades de plantação (PD1 = 79.000; e PD2 = 104.000 pl ha^{-1}), quando calculadas as médias das 4 taxas de N em 2012

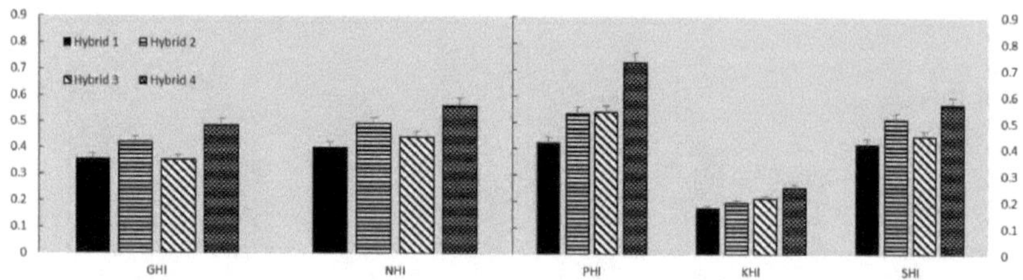

Figura 2.15 - Índice de colheita de grãos (GHI), índice de colheita de nitrogênio (NHI), índice de colheita de fósforo (PHI), índice de colheita de potássio (KHI) e índice de colheita de enxofre (SHI) para cada híbrido (Híbrido 1 = AQUAmax™ P1151, Híbrido 2 = P1162, Híbrido 3 =AQUAmax™ P1498, Híbrido 4 = 33D49) em média em ambas as densidades de plantas (PD1 = 79.000; e PD2 = 104.000 pl ha^{-1}) e quatro níveis de taxa de N (Nr1 = 0, Nr2 = 134, Nr3 = 202, e Nr4 = 269 kg N sidedress ha^{-1}) em 2012

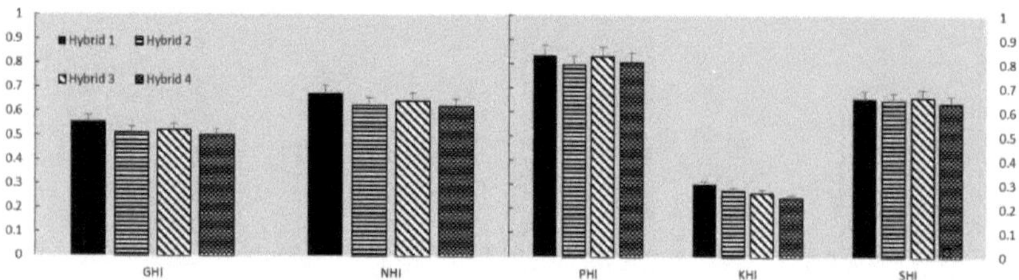

Figura 2.16 - Índice de colheita de grãos (GHI), índice de colheita de nitrogênio (NHI), índice de colheita de fósforo (PHI), índice de colheita de potássio (KHI) e índice de colheita de enxofre (SHI) para cada híbrido (Híbrido 1 = AQUAmax™ P1151, Híbrido 2 = P1162, Híbrido 3 =AQUAmax™ P1498, Híbrido 4 = 33D49) em média em ambas as densidades de plantas (PD1 = 78.000; e PD2 = 99.000 pl ha^{-1}) e cada nível de taxa de N (Nr1 = 0, Nr2 = 134, Nr3 = 202, e Nr4 = 269 kg N sidedress ha^{-1}) em 2013

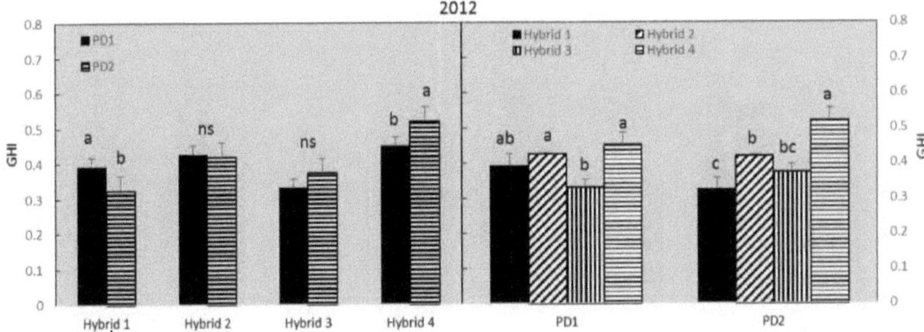

Figura 2.17 - Teste de separação de médias para o IGC (Índice de Colheita de Grãos) em relação ao fatorial Híbrido x PD, para cada híbrido (Híbrido 1 = AQUAmax^{TM} P1151, Híbrido 2 = P1162, Híbrido 3 =AQUAmax^{TM} P1498, Híbrido 4 = 33D49) e ambas as densidades de plantas (PD1 = 79.000; e PD2 = 104.000 pl ha^{-1}), quando calculadas as médias de todas as doses de N em 2012

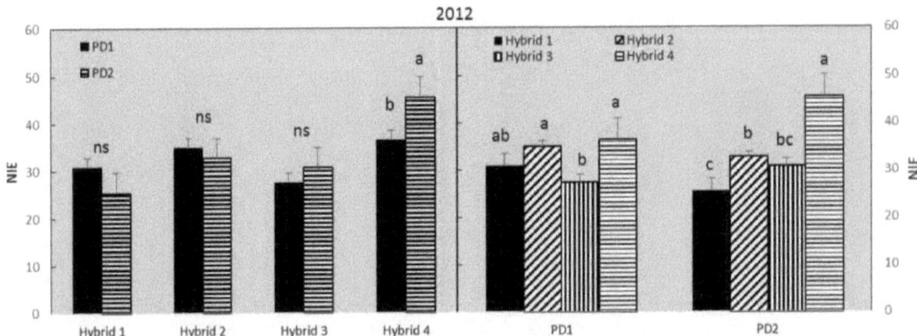

Figura 2.18 - Teste de separação de médias para o NIE (Nitrogen Internal Efficiency) em relação ao fatorial Híbrido x PD, para cada híbrido (Híbrido 1 = AQUAmax^{TM} P1151, Híbrido 2 = P1162, Híbrido 3 =AQUAmax^{TM} P1498, Híbrido 4 = 33D49) e ambas as densidades de plantas (PD1 = 79.000; e PD2 = 104.000 pl ha^{-1}), quando calculadas as médias das 4 taxas de N em 2012

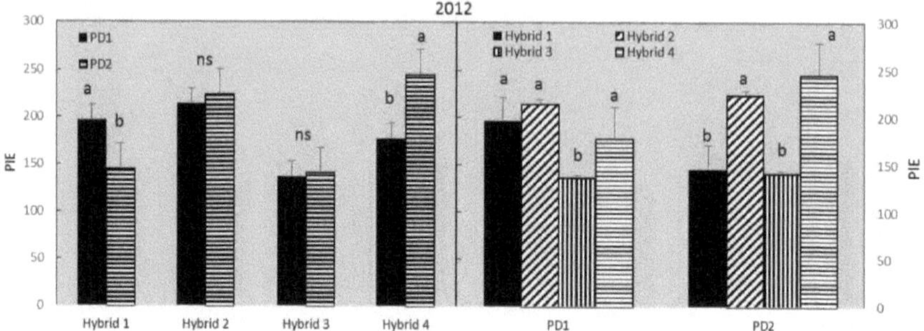

Figura 2.19 - Teste de separação de médias para o IEP (Eficiência Interna de Fósforo) em relação ao fatorial Híbrido x PD, para cada híbrido (Híbrido 1 = AQUAmax™ P1151, Híbrido 2 = P1162, Híbrido 3 =AQUAmax™ P1498, Híbrido 4 = 33D49) e ambas as densidades de plantas (PD1 = 79.000; e PD2 = 104.000 pl ha⁻¹), quando calculadas as médias das 4 doses de N em 2012

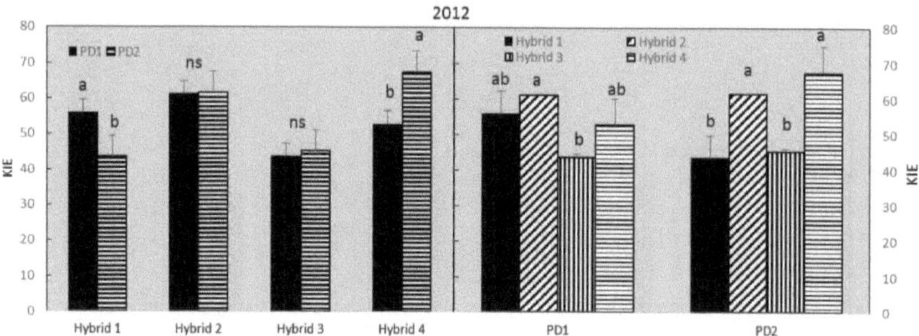

Figura 2.20 - Teste de separação de médias para KIE (Eficiência Interna de Potássio) em relação ao fatorial Híbrido x PD, para cada híbrido (Híbrido 1 = AQUAmax™ P1151, Híbrido 2 = P1162, Híbrido 3 =AQUAmax™ P1498, Híbrido 4 = 33D49) e ambas as densidades de plantas (PD1 = 79.000; e PD2 = 104.000 pl ha⁻¹), quando calculadas as médias das 4 taxas n em 2012

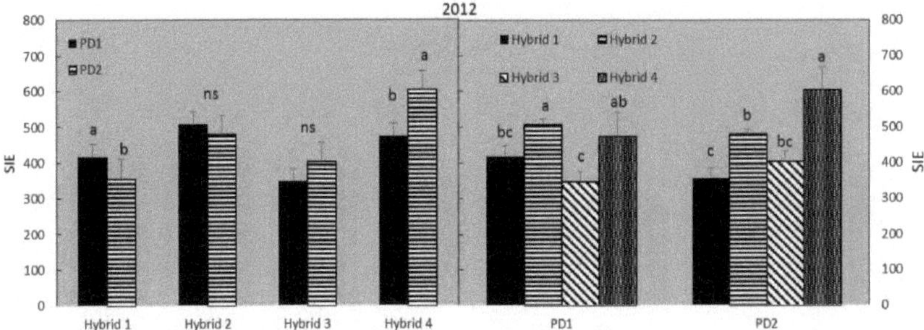

Figura 2.21 - Teste de separação de médias para SIE (Eficiência Interna de Enxofre) para o fatorial Híbrido x PD, para os quatro híbridos (Híbrido 1 = AQUAmax^{TM} P1151, Híbrido 2 = P1162, Híbrido 3 =AQUAmax^{TM} P1498, Híbrido 4 = 33D49), e cada nível de densidade de plantas (PD1 = 79.000; e PD2 = 104.000 pl ha^{-1}), quando calculada a média das 4 taxas de N em 2012

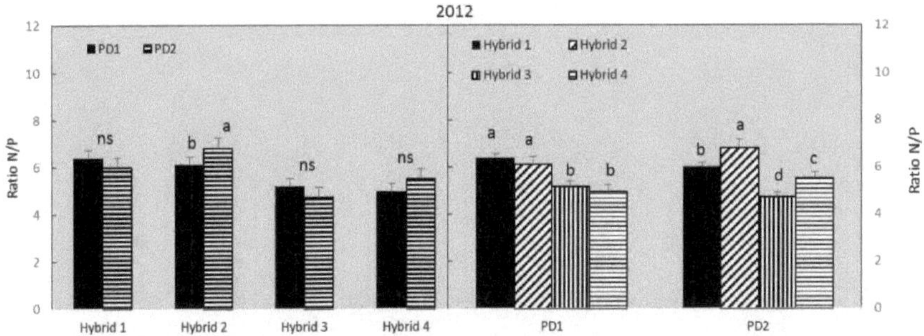

Figura 2.22 - Teste de separação de médias para o rácio N/P em relação ao fatorial Híbrido x PD, para cada híbrido (Híbrido 1 = AQUAmax^{TM} P1151, Híbrido 2 = P1162, Híbrido 3 =AQUAmax^{TM} P1498, Híbrido 4 = 33D49) em média nas duas densidades de plantas (PD1 = 79.000; e PD2 = 104.000 pl ha^{-1}), quando calculadas as médias das 4 taxas de N em 2012

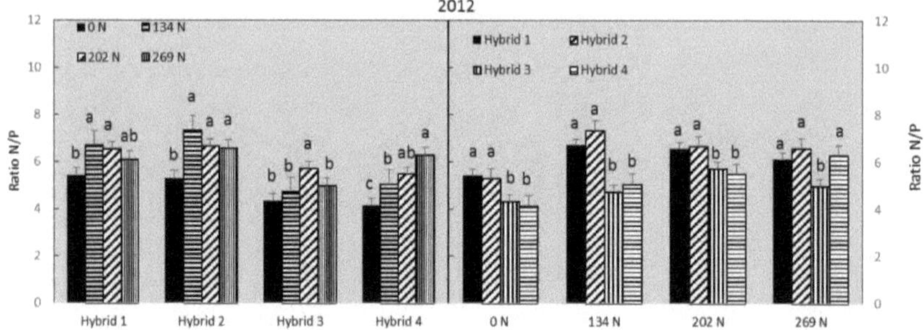

Figura 2.23 - Teste de separação de médias para o rácio N/P em relação ao fatorial Híbrido x Taxa de N, para cada híbrido (Híbrido 1 = AQUAmax^{TM} P1151, Híbrido 2 = P1162, Híbrido 3 =AQUAmax^{TM} P1498, Híbrido 4 = 33D49) e quatro níveis de taxa de N (Nr1 = 0, Nr2 = 134, Nr3 = 202, e Nr4 = 269 kg N sidedress ha^{-1}) quando calculada a média das duas densidades de plantas em 2012

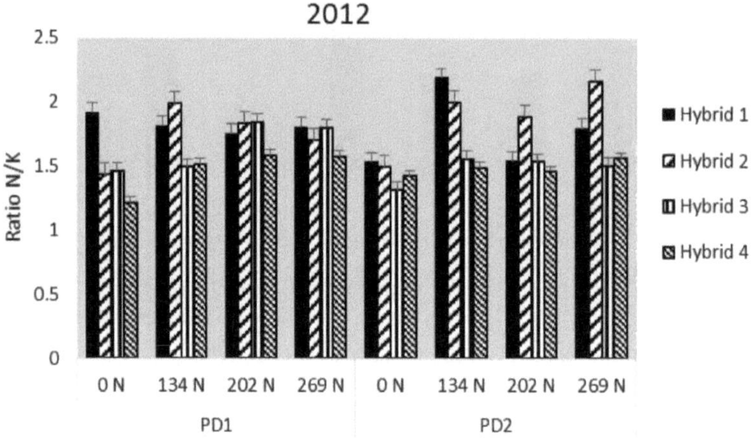

Figura 2.24 - Relação N/P para o fatorial Híbrido x PD x taxa de N na maturidade fisiológica para os quatro híbridos (Híbrido 1 = AQUAmax^{TM} P1151, Híbrido 2 = P1162, Híbrido 3 =AQUAmax^{TM} P1498, Híbrido 4 = 33D49), cada nível de densidade de plantas (PD1 = 79.000; e PD2 = 104.000 pl ha^{-1}), e todos os quatro níveis de taxa de N (Nr1 = 0, Nr2 = 134, Nr3 = 202, e Nr4 = 269 kg N sidedress ha^{-1}), para 2012

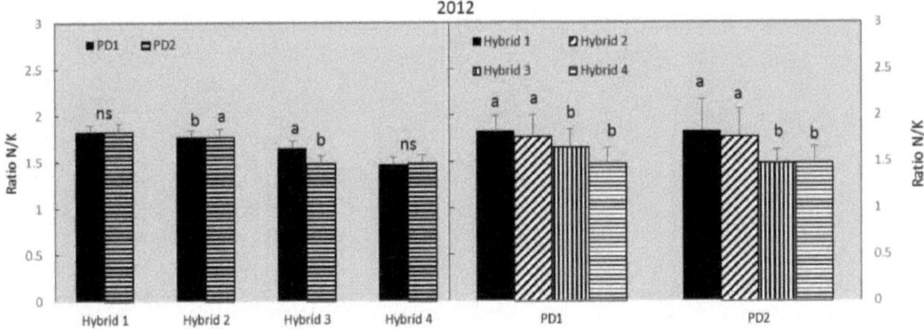

Figura 2.25 - Teste de separação de médias para o rácio N/P para o fatorial Híbrido x PD, para os quatro híbridos (Híbrido 1 = AQUAmax^{TM} P1151, Híbrido 2 = P1162, Híbrido 3 =AQUAmax^{TM} P1498, Híbrido 4 = 33D49), e cada nível de densidade de plantas (PD1 = 79.000; e PD2 = 104.000 pl ha^{-1}), quando calculada a média de todas as taxas de N em 2012

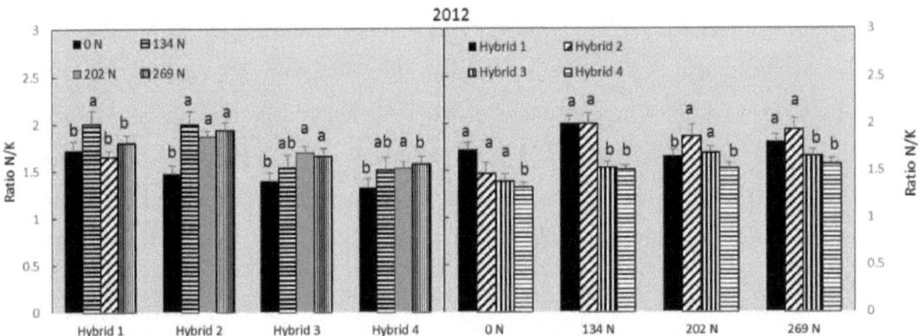

Figura 2.26 - Teste de separação de médias para o rácio N/K para o fatorial Híbrido x Taxa de N, para os quatro híbridos (Híbrido 1 = AQUAmax^{TM} P1151, Híbrido 2 = P1162, Híbrido 3 =AQUAmax^{TM} P1498, Híbrido 4 = 33D49), e para os quatro níveis de taxa de N (Nr1 = 0, Nr2 = 134, Nr3 = 202, e Nr4 = 269 kg N sidedress ha^{-1}), quando calculada a média em ambos os níveis de densidade de plantas em 2012

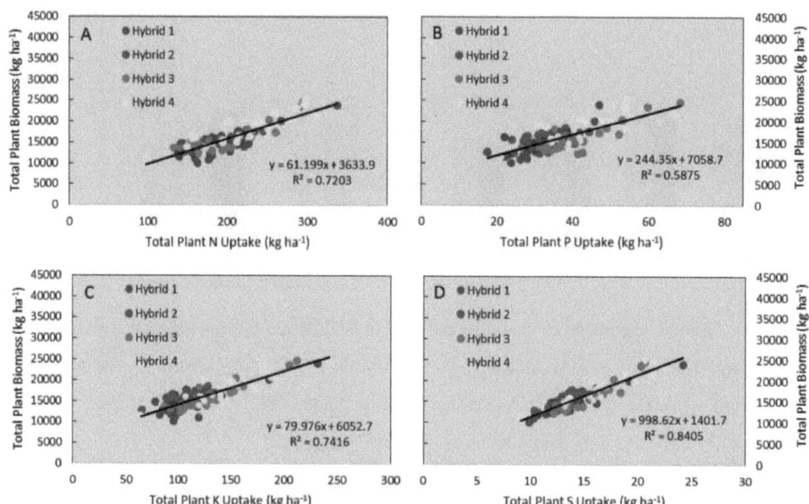

Figura 2.27 - Absorção total de nutrientes pela planta para Nitrogênio (A), Fósforo (B), Potássio (C) e Enxofre (D) em relação à biomassa total da planta na maturidade fisiológica para todos os quatro híbridos (Híbrido 1 = AQUAmax™ P1151, Híbrido 2 = P1162, Híbrido 3 =AQUAmax™ P1498, Híbrido 4 = 33D49), cada nível de densidade de plantas (PD1 = 79.000; e PD2 = 104.000 pl ha⁻¹), e todos os quatro níveis de taxa de N (Nr1 = 0, Nr2 = 134, Nr3 = 202, e Nr4 = 269 kg N sidedress ha⁻¹) em 2012

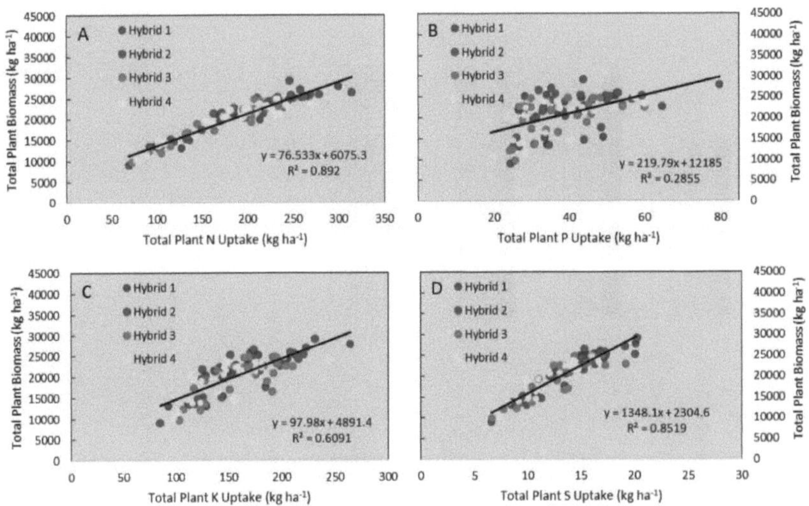

Figura 2.28 - Absorção total de nutrientes pela planta para Nitrogênio (A), Fósforo (B), Potássio (C) e Enxofre (D) em relação à biomassa total da planta na maturidade fisiológica para todos os quatro híbridos (Híbrido 1 = AQUAmax™ P1151, Híbrido 2 = P1162, Híbrido 3 =AQUAmax™ P1498, Híbrido 4 = 33D49), cada nível de densidade de plantas (PD1 = 78.000; e PD2 = 99.000 pl ha⁻¹), e todos os quatro níveis de taxa de N (Nr1 = 0, Nr2 = 134, Nr3 = 202, e Nr4 = 269 kg N sidedress ha⁻¹) em 2013

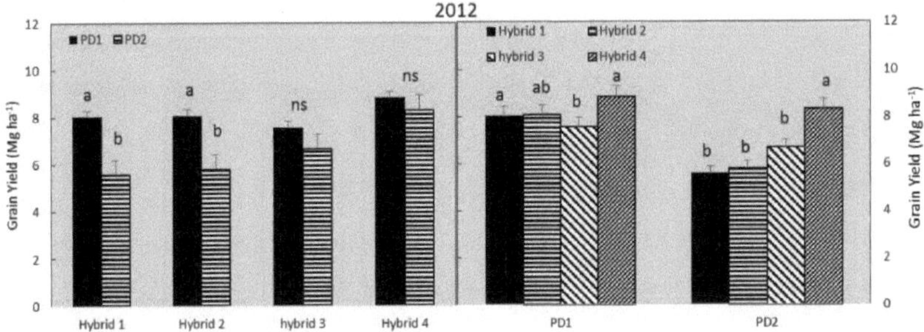

Figura 2.29 - Teste de separação de médias para a produtividade de grãos para o fatorial Híbrido x PD, para os quatro híbridos (Híbrido 1 = AQUAmax™ P1151, Híbrido 2 = P1162, Híbrido 3 =AQUAmax™ P1498, Híbrido 4 = 33D49), e cada nível de densidade de plantas (PD1 = 79.000; e PD2 = 104.000 pl ha⁻¹), quando calculada a média das 4 taxas de N em 2012

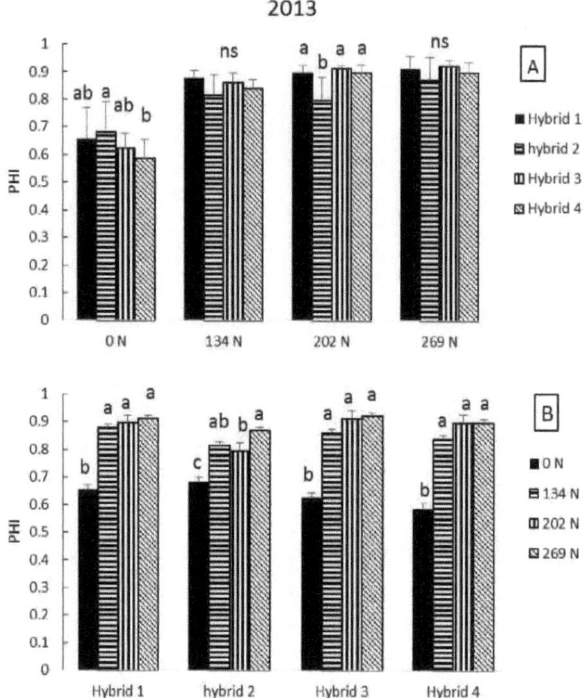

Figura 2.30 - Teste de separação de médias para PHI (phosphorus harvest index), em A e B, para o fatorial Híbrido x Taxa de N, para os quatro híbridos (Híbrido 1 = AQUAmax[TM] P1151, Híbrido 2 = P1162, Híbrido 3 =AQUAmax[TM] P1498, Híbrido 4 = 33D49), e todos os quatro níveis de taxa de N (Nr1 = 0, Nr2 = 134, Nr3 = 202, e Nr4 = 269 kg N sidedress ha^{-1}), quando a média de ambas as densidades de plantas em 2012

Referências

ABENDROTH, L.J.; ELMORE R.W.; BOYER M.J., MARLAY, S.K. **Corn growth and development**. Ames: Extensão da Universidade Estadual de Iowa, 2011. 50 p. PMR 1009.

AGRIANUAL. **Anuário da agricultura brasileira**. São Paulo: FNP, 2009. p. 371-376.

AKINTOYE, H.A.; KLING, J.G.; LUCAS, E.O. N-use efficiency of single, double and synthetic maize lines grown at four N levels in three ecological zones of West Africa. **Field Crops Research** Amsterdam, v. 60, n. 3, p. 189-199, 1999.

ALMEIDA, M.L.; SANGOI, L. Aumento da densidade de plantas de milho para regioes de curta estaçao estival de crescimento. **Pesquisa Agropecuária Gaúcha**, Porto Alegre, v. 2, n. 2, p. 179-183, 1996.

ALVES, A.C.; OLIVEIRA, P.P.A.; HERLING, V.R.; TRIVELIN P.C.O.; CERQUEIRA- LUZ, P.H.; ALVES, T.C.; ROCHETTI, R.C.; BARIONI JÙNIOR, W. Novos métodos para quantificar a volatilização de NH3 de solo superficial fertilizado com ureia. **Revista Brasileira de Ciência do Solo**, Viçosa, v. 35, n. 1, p. 133-140, 2011.

AMADO, T.J.C.; MIELNICZUK, J.; AITA, C. Recomendaçao de adubaçao nitrogenada para o milho no RS e SC adaptada ao uso de culturas de cobertura do solo, sob sistema plantio direto. **Revista Brasileira de Ciência do Solo**, Viçosa, v. 26, p. 241-248, 2002.

ANDRADE, F.H. Análise de crescimento e rendimento de milho, girassol e soja cultivados em Balcarce, Argentina. **Field Crops Research**, Amsterdam, v. 41, n. 1, p. 1-12, 1995.

ANDRADE, F.H.; VEGA, C.; UHART, S.O. Kernel number determination in maize. **Crop Science**, Madison, v. 39, n. 2, p. 453-459, 1999.

ANGHINONI, I.; VOLKART, K.; FATTORE, C.; ERNANI, P.R. Morfologia de raizes e cinética da absorção de nutrientes em diversas espécies e genótipos de plantas. **Revista Brasileira de Ciência do Solo**, Viçosa, v. 13, n. 1, p. 355-361,1989.

APHALO, P.J.; BALLAR, C.L.; SCOPEL, A.L. Plant-plant signaling, the shade-avoidance response and competition. **Journal of Experimental Botany**, Oxford, v. 50, p. 1629-1634, 1999.

ARGENTA, G.S.; SILVA, P.R.F.; BORTOLINI, C.G.; FORSTHOFER, E.L.; MANJABOSCO, E.A.; BEHEREGARAY NETO, V. Resposta de híbridos simples à redução do espaçamento entre linhas. **Pesquisa Agropecuária Brasileira**, Brasília, v. 36, n. 1, p. 7178, 2001.

ARGENTA, G.; SILVA, P.R.F.; BORTOLINI, C.G.; FORSTHOFER, E.L.; STRIEDER, M.L.; STEFANI, G.F. Relação entre teor de clorofila extraível e leitura do clorofilômetro na folha de milho. In: CONGRESSO NACIONAL DE MILHO E SORGO, 23., 2000, Uberlândia. **Resumos...** Uberlândia: ABMS, 2000. p. 197.

BALIGAR, V.C.; BARBER, S.A. Diferenças genotípicas do milho para absorção de íons. **Agronomy Journal**, Madison, v. 71, n. 5, p. 870-873, 1979.

BANZINGER, M.; EDMEADES, G.O.; BECK, D.; BELLON, M.R. **Breeding for drought and nitrogen stress tolerance in maize**: from theory to practice. México: CIMMYT, 2000. 68 p.

BATES, T.R.; LYNCH, J.P. Stimulation of root hair elongation in Arabidopsis thaliana by low phosphorus availability. **Plant Cell Environ**, Chichester, v. 19, p. 529-538, 1996.

BECKER, J.; BEAN, B.; XUE, Q.; MAREK, T. **Ensaio da primeira geração do milho tolerante à seca Pioneer Optimum AquaMaxTM**: relatório de progresso. Texas A&M Agrilife Research, 2012. Disponivel em: <http:// http://amarillo.tamu.edu/files/2010/11/2011-AQUAmax- trial.pdf>. Acesso em: 23 jan. 2015.

BELOW, F.E.; CHRISTENSEN, L.E.; REED, A.J.; HAGEMAN, R.H. Availability of reduced N and carbohydrates for ear development of maize. **Plant Physiology**, Lancaster, v. 68, n. 5, p. 1186-1190, 1981.

BERNARDI, A.C.C.; MACHADO, P.L.O.A.; FREITAS, P.L.; COELHO, M.R.; LEANDRO, W.M.; OLIVEIRA JÛNIOR, J.P.; OLIVEIRA, R. P.; SANTOS, H.G.; MADARI, B.E.; CARVALHO, M.C.S. **Correçâo do solo e adubaçâo no sistema de plantio direto nos cerrados**. Rio de Janeiro: Embrapa Solos, 2003. 22 p.

BOOMSMA, C.R.; VYN, T.J. Tolerância do milho à seca: Potenciais melhorias através da simbiose micorrízica arbuscular? **Field Crops Research**, Amesterdão, v. 108, n. 1, p. 14-31, 2008.

BORCH, K.; BOUMA, T.J.; LYNCH, J.P.; BROWN, K.M. Ethylene: a regulator of root architectural responses to soil phosphorus availability. **Plant Cell Environ**, Chichester, v. 22, p. 425-431, 1999.

BORRAS, L.; WESTGATE, M.E. Predicting maize kernel sink capacity early in development. **Field Crops Research**, Amesterdão, v. 95, p. 223-233, 2006.

BRASIL. Ministério da Agricultura, Pecuária e Abastecimento. **Cadeia produtiva do milho**. Brasília: IICA/MAPA/SPA, 2007. 108 p.

. **Milho.** Disponivel em: <http://www.agricultura.gov.br/vegetal/culturas/milho>. Acesso em: 06 ago. 2014.

BURZACO, J.P.; CIAMPITTI, I.A.; VYN, T.L. Nitrapyrin impacts on maize yield and nitrogen use efficiency with spring-applied nitrogen: field studies vs. meta-analysis comparison. **Agronomy Joirnal**, Madison, v. 106, n. 2, p. 753-760. 2014.

ÇAKIR, R. Efeito do stress hídrico em diferentes estádios de desenvolvimento no crescimento vegetativo e reprodutivo do milho. **Field Crops Research**, Amesterdão, v. 89, n. 1, p. 1-6, 2004.

CANTARELLA, H. Calagem e adubaçào do milho. In: BÜLL, L.T.; CANTARELLA, H. (Ed.). **Ciltira do milho**: fatores que afetam a produtividade. Piracicaba: POTAFOS, 1993. p. 148-196.

CARVALHO, M.A.C.; SORATTO, R.P.; ATHAYDE, M.L.F.; SA, M.E. Produtividade do milho em sucessao a adubos verdes no sistema de plantio direto e convencional. **Pesquisa Agropecuária Brasileira**, Brasília, v. 39, p. 47-53, 2004.

CASSMAN, K.G.; DOBERMANN, A.; WALTERS, D.T.; YANG, H. Meeting cereal demand while protecting natural resources and improving environmental quality. **Annual Review of Environment and Resources**, Palo Alto, v. 28, n. 1, p. 315-358, 2004.

CHAPUIS, R.; DELLUC, C.; DEBEUF, R.; TARDIEU, F.; WELCKER, C. 2012.

Resiliência ao défice hídrico numa plataforma de fenotipagem e no campo: Qual é a sua relação no milho? **European Journal of Agronomy**, Amesterdão, v. 42, p. 59-67, 2012.

CHENG, P.C.; PAREDY, D.R. Morfologia e desenvolvimento da borla e da orelha. In: FREELING, M.; WALBOT, V. (Ed.). **The maize handbook**. New York: Springler-Verlag, 1994. cap. 3, p. 37-47.

CIAMPITTI, I.A.; VYN, T.J. A comprehensive study of plant density consequences on nitrogen uptake dynamics of maize plants from vegetative to reproductive stages. **Field Crops Research**, Amesterdão, v. 121, n. 1, p. 2-18, 2011.

. Perspectivas fisiológicas das mudanças ao longo do tempo na dependência do rendimento do milho na absorção de nitrogênio e eficiências de nitrogênio associadas: uma revisão. **Crop Science**, Madison, v. 133, n. 11, p. 366-377, 2012.

. Mudanças na fonte de nitrogênio do grão ao longo do tempo em milho: uma revisão. **Crop Science**, Madison, v. 53, p. 336-377, 2013.

CIAMPITTI, I.A., CAMBERATO, J.; MURRELL, S.T.; VYN, T.J. Maize nutrient accumulation and partitioning in response to plant density and nitrogen rate: I.

Macronutrientes. **Agronomy Journal**, Madison, v. 05, n. 3, p. 1-13, 2013.

CIAMPITTI, I.A.; ZHANG, H.; FRIEDEMANN, P.; VYN, T.J. Potenciais estruturas fisiológicas para a fenotipagem de campo no meio da estação da absorção final de nitrogênio pela planta, eficiência do uso de nitrogênio e rendimento de grãos em milho. **Crop Science**, Madison, v. 52, p. 2728-2742, 2012.

CIRILO, A.G.; ANDRADE, F.H. Data de semeadura e peso do grão de milho. **Crop Science**, Madison, v. 36, p. 325-331, 1996.

COELHO, A.M. **Balanço de nitrogênio (15 N) na cultura do milho (Zea mays L.) em um Latossolo Vermelho Escuro fase cerrado**. 1987. 142 p. (Dissertaçao - Mestrado em Solos e Nutriçao de Plantas) - Escola Superior de Agricultura, Lavras, 1987.

. **Nutriçao e adubaçao do milho**. Sete Lagoas: Embrapa CNPMS, 2006. 10 p.

COELHO, A.M.; CRUZ, J.C.; PEREIRA FILHO, I.A. Rendimento do milho no Brasil: chegamos ao màximo? **Informações Agronômicas**, Piracicaba, n. 101, 2003.

COOPER, M.; GHO, C.; LEAFGREN, R.; TANG, T.; MESSINA, C. Criação de híbridos de milho tolerantes à seca para o cinturão do milho dos EUA: da descoberta ao produto. **Journal of Experimental Botany**, Oxford, 2014. Disponivel em: <doi:10.1093/jxb/eru064. 2014>. Acesso em 22 jan. 2015.

DOURADO NETO, D.; FANCELLI, A.L. **Produção de milho**. Guaiba: Agropecuària, 2000. 360

p.

DOURADO NETO, D.D.; PALHARES, M.; VIEIRA, P.A.; MANFRON, P.A.; MEDEIROS, S.L.P.; ROMANO, M.R. Efeito da populaçao de plantas e do espaçamento sobre a produtividade de milho. **Revista Brasileira de Milho e Sorgo**, Sete Lagoas, v. 2, n. 3, p. 63-77, 2003.

DWYER, L.M.; TOLLENAAR, M.; HOUWING, L. A nondestructive method to monitor leaf greenness in corn. **Canadian Journal of Plant Science**, Ottawa, v. 71, p. 505-509, 1991.

FAOSTAT. **Produção de géneros alimentícios e produtos agrícolas.** 2013. Disponivel em: <http://faostat.fao.org/>. Acesso em: 10 mar. 2014.

FISCHER, K.S.; PALMER, A.F.E. Milho tropical. In: GOLDSWORTHSY, P.R.; FISHER, N.M. (Ed.). **The physiology of tropical field crops.** Chichester: John Wiley, 1984. p. 213248.

FRANCELLI, AX.; DOURADO NETO, D. **Produçâo de milho**. 2. ed. Piracicaba: Livrosceres, 2004. 360 p.

IGUE, K. Dinâmica da matéria orgânica e seus efeitos nas propriedades do solo. In: FUNDAÇÂO CARGILL. **Adubaçào verde no brasil**. Campinas, 1984. p. 232-267.

KINIRY, J.R.; RITCHIE, J.T. Shade-sensitive interval of kernel number of maize (Intervalo sensível à sombra do número de grãos de milho). **Agronomy Journal**, Madison, v. 77, n. 5, p. 711-715, 1985.

LANDRY, J.; DELHAYE, S. The Tryptophan contents of wheat, maize and barley grains as a function of nitrogen content. **Journal of Cereal Science**, Londres, v. 18, n. 3, p. 259-266, 1993.

LINDSEY, A.J.; THOMISON, P.R. Drought Tolerant Corn Hybrid Response to Nitrogen Application Rate (Resposta de híbridos de milho tolerantes à seca à taxa de aplicação de azoto). In: Reunião Anual Internacional da ASA, CSSA e SSSA, 158-2, **Actas...** Long Beach: ASA, 2014.

LÓPEZ-BUCIO, J.; MARTiNEZ, V. de la, O.; GUEVARA-GARCIA, A.; HERRERA-ESTRELLA, L. Aumento da absorção de fósforo em plantas de tabaco transgénicas que produzem citrato em excesso. **Nat Biotechnol,** Nova Iorque, v. 18, p 450-453, 2000.

MADDONNI, G.A.; OTEGUI, M.E. Competição intra-específica no milho: o estabelecimento precoce de hierarquias entre plantas afecta o conjunto final de grãos. **Field Crops Research**, Amsterdão, v. 85, p. 1-13, 2004.

MONNEVEUX, P.; SANCHEZ, C.; BECK, D.; EDMEADES, G.O. Melhoramento da tolerância à seca em populações-fonte de milho tropical: evidências de progresso. **Crop Science**, Madison, v. 46, n. 1, p.180-191, 2006.

MORADI, H.; AKBARI, G.A.; KHAVARI KHORASANI S.; RAMSHINI H.A. Avaliação da tolerância à seca em novos híbridos de milho (*Zea mays* L.) com recurso a índices de tolerância ao stress.

Jornal Europeu do Desenvolvimento Sustentável, Roma, v. 1, p. 543-560. 2012.

MUCHOW, R.C. Nitrogen utilization efficiency in corn and sorghum (Eficiência de utilização do azoto no milho e no sorgo). **Field Crops Research**, Amesterdão, v. 56, p. 209-216, 1998.

NILSON, E.T.; ORCUTT, D.M. Water limitation. In: _________. **A fisiologia das plantas sob stress**. Nova Iorque: Wiley, 1996.

OTEGUI, M.E.; ANDRADE, F.H.; SUERO, E.E. Crescimento, uso de água e abortamento de grãos de milho submetido à seca na fase de ensilagem. **Field Crops Research**, Amsterdam, v. 40, n. 2, p. 8794, 1995.

PANDA, R.K.; BEHERA, S.K.; KASHYAP, P.S. Effective management of irrigation water for maize under stressed conditions. **Agricultural Water Management**, Amesterdão, v. 66, n. 3, p. 181-203, 2004.

PANDEY, R.K.; MARANVILLE, J.W.; ADMOU, A. Irrigação deficitária e efeitos do azoto no milho num ambiente do Sahel. I. Rendimento de grãos e componentes de rendimento. **Agricultural Water Management**, Amesterdão, v. 46, n. 1, p. 1-13, 2000.

PEIXOTO, C.M. **Resposta de genótipos de milho à densidade de plantas, em dois niveis de manejo.** 1996. 118 p. Dissertaçao (Mestrado em Fitotecnia) - Faculdade de Agronomia, Universidade Federal do Rio Grande do Sul, Porto Alegre, 1996.

PEREIRA, R.G.; ALBUQUERQUE, A.W.; MADALENA, J.A.S. Influência dos sistemas de manejo do solo sobre os componentes de produção do milho e _Brachiaria decumbens_.

Revista Caatinga, Mossoró, v. 22, n. 1, p. 64-71, 2009.

PEREIRA, R.S.B. Caracteres Correlacionados com a produçao e suas alteraçoes no melhoramento genètico do milho (_Zea mays_ L.). **Pesquisa Agropecuària Brasileira**, Porto Alegre, v. 26, n. 5, p. 745-751, 1991.

PIEKIELEK, W.P.; FOX, R.H.; TOTH, J.D.; MACNEAL, K.E. Uso de um medidor de clorofila no estágio inicial de mossa do milho para avaliar a suficiência de N. **Agronomy Journal**, Madison, v. 87, n. 3, p. 403-408, 1995.

PIONNER. **Hibridos de milho:** 30F35HR. Santa Cruz do Sul, 2014. Disponível em:

<http://www.pioneersementes.com.br/DownloadCenter/Catalogo-De-Produtos-Milho-	Safrinha-2014.pdf>. Acesso em: 20 jan. 2015.

RIBEIRO, A.C.; GUIMARÂES, P.T.G.; ALVAREZ V., V.H. **Recomendaçao para o uso de corretivos e fertilizantes em Minas Gerais**. Viçosa: SBCS, 1999. 359 p.

RITCHIE, S.W.; HANWAY, J.J.; BENSON, G.O. Como a planta de milho se desenvolve.

Informações Agronômicas, Piracicaba, n. 103, p. 1-11, 2003.

ROTH, J.A.; CIAMPITTI, I.A.; VYN, T.J. Physiological evaluations of recent drought tolerant maize hybrids at varying stress levels. **Agronomy Journal**, Madison, v. 5, n. 4, p. 1129-1141. 2013.

SABATA, R.J.; MASON, S.C. Corn hybrid interactions with soil nitrogen level and water regime. **Journal of Production Agriculture**, Madison, v.5, n. 1, p.137-142, 1992.

SANGOI, L. **Um ideótipo de milho para condições de alta temperatura e baixa humidade**. 350 p. Dissertação (Ph.D. em Agronomia) - Iowa State Universtiy, Ames, 1996.

. Entendendo os efeitos da densidade de plantas no crescimento e desenvolvimento do milho: uma questão importante para maximizar o rendimento de grãos. **Ciência Rural**, Santa Maria, v.31, n.1, p.159-168, 2001.

SANGOI, L.; SALVADOR, R.J. Suscetibilidade do milho à seca no florescimento: uma nova abordagem para superar o problema. **Ciência Rural**, Santa Maria, v. 28, n. 4, p. 699-706, 1998.

SANGOI, L., SILVA, P.R.F.; ARGENTA, G. Bases morfofisiológicas para maior tolerância dos hibridos modernos de milho a altas densidades de plantas. **Bragantia**, Campinas, v. 61, n.2, p.101-110, 2002.

. **Estratégias de manejo do arranjo de plantas para aumentar o rendimento de grâos de milho.** Lages: Graphel, 2010. 64p.

SANGOI, L.; ERNANI, P.R.; LECH, V. A.; RAMPAZZO, C. Volatilizaçao de N-NH3 em decorrènda da forma de aplicaçao de uréia, manejo de residuos e tipo de solo, em laboratòrio.

Ciência Rural, Santa Maria, v. 33, n. 4, p. 687-692, 2003.

SANGOI, L.; SILVA, P.R.F.; ARGENTA, G.; HORN, D. Bases morfo-fisiológicas para aumentar a tolerância de cultivares de milho a altas densidades de plantas. In: REUNIÂO TÈCNICA CATARINENSE DE MILHO E FEIJÂO, 4., 2003, Lages. **Resumos...** Lages: CAV-UDESC, 2003. p. 19-24.

INSTITUTO SAS. **Guia do utilizador do SAS/STAT 9.1**. Cary: SAS Institute, 2004. 824 p.

SCHENK, M.K.; BARBER, S.A. Phosphate uptake by corn as affected by soil characteristics and root morphology. **Soil Science Society of America Journal**, Madison, v. 43, n. 4, p. 880883, 1979.

SOUZA, C.M. **Efeito do uso continuo de grade pesada sobre algumas caracteristicas fisicas e quimicas de um Latossolo Vermelho-Amarelo Distrófico, fase cerrado, e sobre o desenvolvimento das plantas e absorçâo de nutrientes pela cultura de soja**. 1988. 105 p.

Dissertaçao (Mestrado em Agronomia) - Universidade Federal de Viçosa, Viçosa, 1988.

STEWART, W.M.; DIBB, D.W.; JOHNSTON, A.E.; SMYTH, T.J. The contribution of commercial fertilizer nutrients to food production. **Agronomy Journal,** Madison, v. 97, n. 1, p. 1-6, 2005.

SWANK, J.C.; BELOW, F.E.; LAMBERT, RJ.; HAGEMAN, R.H. Interação do metabolismo do carbono e do nitrogênio na produtividade do milho. **Plant Physiology**, Lancaster, v. 70, n. 4, p. 1185- 1190, 1982.

THOMAS, H.; HOWARTH, C.J. Five ways to stay green. **Journal of Experimental Botany**, Oxford, v. 51, p. 329-337, 2000. Disponível em: <doi:10.1093/jexbot/51.suppl_1.329>.

Acesso em: 22 jan. 2015.

THOMAS, H.; SMART, C.M. Crops that stay green. **Annals of Applied Biology**, Chichester, v. 123, n. 1, p. 93-219, 1993.

TOKATLIDIS, I.S.; KOUTROUBAS, S.D. A review of maize hybrids' dependence on high plant populations and its implications for crop yield stability. **Field Crops Research**, Amesterdão, v. 88, n. 2/3, p. 103-114, 2004.

TOLLENAAR, M. Relações entre o sumidouro e a fonte durante o desenvolvimento reprodutivo do milho: uma revisão. **Maydica**, Bergamo, v. 22, p. 49-75, 1977.

TOLLENAAR, M.; LEE, E.A. Strategies for enhancing grain yield in maize (Estratégias para aumentar o rendimento de grãos no milho). In: JANICK, J. (Ed.). **Plant breeding reviews**. Hoboken: John Wiley, 2010. v. 4, p. 37-82.

TOLLENAAR, M.; WU, J. O aumento da produtividade do milho de clima temperado é atribuível a uma maior tolerância ao stress. **Crop Science**, Madison, v. 39, n. 6, p. 1597-1604, 1999.

TRAORE, S.B., CARLSON, R.E., PILCHER, C.D., RICE, M.E. Bt and Non-Bt maize growth and development as affected by temperature and drought stress. **Agronomy Journal**, Madison, v. 92, n. 5, p. 1027-1035, 2000.

TROYER A.F.; ROSENBROOK, R.W. Utility of higher plant densities for corn performance testing. **Crop Science**, Madison, v. 23, n. 5, p. 863-867, 1983.

UHART, S.A.; ANDRADE, F.H. Deficiência de azoto no milho: I. Efeitos sobre o crescimento e desenvolvimento da cultura, partição da matéria seca e formação do grão. **Crop Science**, Madison, v. 35, n. 5, p. 1376-1383, 1995.

YAN W.; WALLACE D.H. Breeding for negatively associated traits. In: JANICK, J. (Ed.). **Plant breeding reviews.** Hoboken: John Wiley, 1995. v. 13, p. 141-177.

3. CARACTERIZAÇÃO FISIOLÓGICA DE HÍBRIDOS RECENTES DE MILHO TOLERANTES À SECA EM DIFERENTES NÍVEIS DE STRESS: FOTOSSÍNTESE, RENDIMENTO DE GRÃOS E COMPONENTES DO RENDIMENTO DE GRÃOS

Resumo

O melhoramento genético do milho (*Zea mays* L.) para tolerância à seca trouxe progressos substanciais, mas pouco se sabe sobre os mecanismos fisiológicos dos híbridos comerciais identificados como possuindo tolerância à seca. O objetivo primário deste estudo foi investigar as respostas fisiológicas e de rendimento de híbridos de maturidade comparável tolerantes à seca e não tolerantes à seca a diferentes densidades de plantas e taxas de N. O objetivo secundário foi examinar especificamente as respostas das folhas e a tolerância à seca. O objetivo secundário foi examinar especificamente as taxas de fotossíntese e transpiração das folhas dos híbridos ao longo da estação de crescimento em resposta a tratamentos variados de PD e taxas de N. A experiência decorreu no noroeste do Indiana, EUA. Utilizou-se um esquema de parcelas divididas em cinco réplicas, com o híbrido como parcela principal, a densidade de plantas (PD) como subparcela e a taxa de N como sub-subparcelas. Quatro híbridos foram comparados, consistindo de dois pares com diferentes tolerâncias à seca: 111 (AQUAmax^{TM} P1151 HR (Híbrido 1) versus P1162 HR (Híbrido 2), e 114 híbridos CRM (AQUAmax^{TM} P1498 HR (Híbrido 3) versus 33D49 HR (Híbrido 4). Os dois níveis de PD foram 78.000 (PD1) e 99.000 (PD2) plantas ha^{-1} stand final. Todas as parcelas receberam 26 kg N ha^{-1} em uma faixa inicial de 5 cm x 5 cm (19-17-0) no plantio. Tratamentos laterais de UAN (28-0-0) de 0 (Nr1), 134 (Nr2), 202 (Nr3), ou 269 (Nr4) kg N ha^{-1} foram injetados entre as fileiras de milho. As seguintes variáveis foram analisadas: Fotossíntese (*A*), Transpiração (*E*) Índice de Área Foliar (LAI) e Rendimento de Grãos (GY) e seus componentes. Todos os híbridos responderam de forma semelhante para GY aos factores de tratamento. O híbrido 3 (AQUAmax) parece ter maior capacidade de manter os estômatos abertos, mesmo em períodos secos, o que melhorou a condutância hidráulica na planta, como evidenciado pelo maior *E* (número numérico) do que o híbrido 4 (não tolerante à seca, 33D49) em todos os estágios de amostragem. O híbrido 3 resultou em menor LAI e maior *A* no estágio R4. Mesmo com um *E* mais elevado do que o seu homólogo de comparação (Híbrido 4), o Híbrido 3 alcançou uma melhor eficiência no uso da água do que o não tolerante à seca, devido ao menor LAI (menor área para perder água) e maior *A* por unidade de área foliar. O Híbrido 1 (AQUAmax P1151) demonstrou uma *A* e *E* semelhantes às do seu homólogo não tolerante à seca de maturidade semelhante, uma vez que o Híbrido 2 (P1162) tinha um LAI mais baixo (nas fases R2 e R3) e um GY semelhante ao do Híbrido 1. O mecanismo de tolerância à seca que é mais importante no P1498 é menos claro do que no P1151, mas o P1498 parecia ser capaz de manter taxas de transpiração e fotossíntese das folhas mais elevadas do que o

33D49 durante o período de enchimento de grãos (independentemente da variação do stress hídrico durante o período de enchimento de grãos). Assim, talvez este híbrido tenha simplesmente melhorado a persistência na absorção de água pela raiz no final da estação. Não houve diferenciação de uma única caraterística nas medições de fotossíntese ou transpiração. Não houve evidências de que os híbridos AQUAmax fossem diferentes dos híbridos não-AQUAmax em sua resposta aos fertilizantes N, e não há evidências de que as taxas ideais de fertilizantes N seriam menores para esses híbridos AQUAmax em relação aos híbridos não tolerantes à seca neste estudo.

Palavras-chave: Mecanismos; Índice de área foliar; Eficiência do uso da água

2.5 Introdução

O milho (*Zea mays* L.) é um dos principais cereais cultivados em todo o mundo, fornecendo produtos amplamente utilizados na alimentação humana e animal e matéria-prima para a indústria, principalmente devido à quantidade e à natureza das reservas energéticas acumuladas nos grãos (WEILAND, 2006). Essa cultura pertence ao grupo com metabolismo fotossintético do tipo C4, que se caracteriza pelo alto potencial produtivo. Dentre as plantas C4, o milho está no grupo de espécies com maior eficiência de uso da radiação solar ou eficiência quântica, principalmente devido à sua arquitetura foliar (HATTERSLEY, 1984). No entanto, apesar da vantagem C4, o milho é fortemente afetado negativamente por estresses ambientais, como os causados por seca e deficiência de nutrientes.

O estresse causado pela baixa disponibilidade de água (seca) é um grande problema para a agricultura, e a capacidade das plantas de sobreviver a esse estresse é de suma importância para o desenvolvimento do agronegócio em qualquer país (SHAO et al., 2008). O stress por seca é desencadeado por factores climáticos, edáficos e agronómicos. Por exemplo, o estresse por seca pode ser exacerbado por altas densidades de plantas. A suscetibilidade da planta ao stress hídrico varia em função do grau de stress, dos diferentes factores de stress que o acompanham, das espécies vegetais e dos seus estádios de desenvolvimento (DEMIREVSKA et al., 2009). O stress por seca afecta quase todos os aspectos relacionados com o desenvolvimento da cultura; reduz a fotossíntese e a clorofila por unidade de área foliar, mas também reduz a área foliar, a murchidão e o enrolamento das folhas e o fecho dos estomas, e afecta outros factores como a floração, a absorção e a repartição de nutrientes (HSIAO, 1973; SANCHEZ et al., 1983; BERGAMASCHI et al., 2006; JALEEL et al., 2009; XIA, 2012).

Mesmo em anos climaticamente favoráveis, se o défice hídrico ocorrer no período crítico, que é cerca de 1 semana antes e 2 semanas após a silagem, pode haver redução no rendimento do milho (BÀNZIGER et al., 2000; BERGAMASCHI et al., 2004; TOLLENAAR; LEE, 2011). Este período crítico no milho corresponde, infelizmente, ao período entre o final de junho e o final de julho no Eastern Corn Belt, quando a seca periódica é mais provável de ocorrer. Estudos sobre tolerância à seca na cultura do milho podem trazer melhorias no crescimento e no rendimento das culturas em regiões com limitações hídricas (LI; SPERRY; SHAO, 2009). A seleção de cultivares com alguma tolerância ou resistência ao estresse hídrico é considerada uma estratégia econômica de manejo de adaptação em áreas suscetíveis à seca (TURNER, 1991).

Avanços substanciais nos estudos sobre o melhoramento de milho para tolerância à seca trouxeram resultados satisfatórios, gerando vários genótipos tolerantes (CAMPOS et al., 2006; MONNEVEUX et al., 2006; HAMMER et al., 2009; COOPER et al., 2014). Ganhos de rendimento de 8,9 e 1,9% em condições de seca e não seca, respetivamente, para os híbridos não-transgénicos tolerantes à seca vs. híbridos convencionais foram reivindicados por uma empresa privada de sementes (PIONEER, 2013). No entanto, pouco se sabe sobre os mecanismos fisiológicos da tolerância à seca (BANZIGER et al., 2002). Consequentemente, há muito poucas publicações públicas de pesquisa focadas em fisiologia que tenham investigado os híbridos tolerantes à seca recentemente lançados (ROTH; CIAMPITTI; VYN, 2013). A tolerância das plantas a qualquer stress individual também tem de ser demonstrada no contexto dos factores de stress associados. Assim, por exemplo, a tolerância ao stress de densidade de plantas no milho está muito relacionada com o momento e a intensidade do stress hídrico e de nutrientes. É muito mais provável que densidades elevadas de plantas resultem em rendimentos mais baixos com taxas de N abaixo do ótimo (BOOMSMA et al., 2009; CIAMPITTI et al., 2013).

O objetivo principal deste estudo foi investigar as respostas fisiológicas e de rendimento de híbridos de maturidade comparável tolerantes à seca e não tolerantes à seca (P1151 vs. P1162, e P1498 vs. 33D49) a diferentes densidades de plantas e taxas de N. O objetivo secundário foi examinar especificamente as taxas de fotossíntese foliar (A) e transpiração (E) dos híbridos ao longo da estação de crescimento em resposta a tratamentos variados de PD e taxas de N. As perguntas que queremos responder com este estudo são: Os híbridos tolerantes à seca são diferentes dos seus homólogos híbridos de maturidade comparável (sem tolerância à seca)? Que mecanismos fisiológicos têm os híbridos tolerantes à seca para serem mais eficientes no uso da água?

2.6 Materiais e métodos

2.6.1 Localização e conceção experimental

A experiência foi realizada durante uma estação de crescimento (2013) no noroeste do Indiana, no Pinney Purdue Agricultural Center (PPAC) (41° 26' 49" N, 86° 55' 42" W). O experimento de campo não irrigado foi estabelecido no Tracy sandy loam (grosso-loamy, mixed mesic Ultic Hapludalfs). A cultura anterior foi a soja [*Glycine max* (L.) Merr.], e o sistema de lavoura utilizado foi o arado de cinzel no outono e a lavoura secundária na primavera. A experiência foi plantada em 1 de maio .[st]

Foi utilizado um esquema de parcelas divididas em cinco repetições, com o híbrido como parcela principal, a densidade de plantas (PD) como subparcela e a taxa de N como sub-subparcelas. Quatro híbridos foram comparados, consistindo de dois pares com diferentes tolerâncias à seca: 111 híbridos CRM (AQUAmax^{TM} P1151 HR (Híbrido 1) versus P1162 HR (Híbrido 2), e 114 híbridos CRM (AQUAmax^{TM} P1498 HR (Híbrido 3) versus 33D49 HR (Híbrido 4). As pontuações de tolerância à seca, conforme determinado pela DuPont Pioneer numa escala de nove pontos (1 = baixa, 9 = alta), para P1151 e P1498 foram ambas 9, e para os híbridos menos tolerantes à seca, P1162 e 33D49, foram 8 e 7, respetivamente.

Embora as taxas de sementeira fossem de 79.000 e 104.000 plantas ha^{-1}, os dois níveis reais de PD foram de 78.000 (PD1) e 99.000 (PD2) plantas ha^{-1} stand final.

Todas as parcelas receberam 26 kg N ha^{-1} em uma faixa inicial de 5 cm x 5 cm (19-17-0) no plantio. Tratamentos laterais de ureia e nitrato de amónio, UAN, (28-0-0) de 0 (Nr1), 134 (Nr2), 202 (Nr3), ou 269 (Nr4) kg N ha^{-1} foram injetados entre as linhas de milho em torno do estágio de crescimento V5 (ABENDROTH et al., 2011). As medições intensivas foram realizadas em três réplicas cujas parcelas individuais mediam 4,6 metros de largura (seis linhas de 76,2 cm) por 27 metros de comprimento (18 m de comprimento para as duas réplicas restantes). O solo foi amostrado da camada de 0 a 30 cm, recolhendo-se 20 amostras (2 cm de diâmetro) de parcelas não fertilizadas, antes e depois da aplicação lateral de N. As amostras de solo para os dados padrão de fertilidade do teste de solo foram recolhidas aleatoriamente por perfuração até à profundidade de 20 cm em cada repetição; estas amostras foram depois analisadas pelo A&L Great Lakes Laboratories (Quadro 3.1). As amostras de solo para determinar o estado do N mineral do solo só foram recolhidas nas parcelas 0N, mais uma vez para cada repetição, perto da data de aplicação do N de cobertura a uma profundidade de 30 cm. Foram registados dados sobre as condições meteorológicas em ambas as estações (Figura 3.2).

Quadro 3.1 - Análise do solo para parcelas não fertilizadas (azoto inorgânico [NO_3^- - N / NH_4^+ - N], teor de matéria orgânica [OM], pH do solo, teor de potássio [K] e fósforo, Bray - P1 [P]) na época de 2013. No PPAC, Wanatah, IN, Estados Unidos

Parâmetros do solo	Temporada 2013
NO_3^-/NH_4^+ - N, mg kg^{-1}	11.9 (3.10)/3.1 (0.54)
Teor de OM, g kg^{-1}	17.1 (0.33)
Unidades de pH	6.59
P, mg P kg^{-1}	48.5 (11.13)
K, mg K kg^{-1}	134.6 (25.19)

O valor entre parêntesis refere-se ao desvio padrão

2.6.2 Fotossíntese (A) e Transpiração (E) ao nível da folha

Um Li-Cor 6400XT - IRGA, Infra-Red Gas Analyzer (LI-COR, Lincoln, NE) foi utilizado para determinar as taxas de fotossíntese (A, taxa de troca de CO_2) e transpiração (E), temperatura da folha e défice de pressão de vapor (VPD); todos os parâmetros foram determinados à escala da folha. As medições foram efectuadas nos estádios de crescimento V10, V12, R2, R3 e R4. As medições foram realizadas nas duas fileiras centrais em todos os híbridos e PDs, mas apenas em duas taxas de N (Nr1 vs. Nr3), em três repetições para V10, V12 e R4 e apenas em duas repetições para R2 e R3. Duas plantas foram medidas por parcela e duas medições foram feitas no ponto médio de cada folha (oposto ao meio da nervura).

Durante a fase vegetativa, foi selecionada a folha mais jovem com colarinho, enquanto a folha da espiga foi utilizada durante o período reprodutivo. Foi efectuada uma técnica de isolamento [XIA (2012), modificada de Dwyer et al. (1995) e EARL e Tollenaar (1999)]. Foram selecionadas plantas representativas para as medições e todas as plantas vizinhas num raio de 0,50-0,75 m foram removidas para eliminar o sombreamento. Permitiu-se que as plantas se aclimatassem à luz solar plena durante 1 hora antes das medições, tendo estas ocorrido aproximadamente entre as 11h00 e as 15h00. Cada réplica necessitou de aproximadamente 2,5 horas para completar todas as medições.

A fim de minimizar a influência ambiental, as medições foram efectuadas em dias sem nuvens e foi utilizada luz artificial. As definições para o Li-Cor 6400XT foram: i) densidade do fluxo de fotões fotossintéticos (PPFD) fixada em 2000 µmol fotões m^{-2} s^{-1} ; ii) CO_2 da câmara de amostragem mantido constante pelo misturador de CO_2 a 400 µmol CO_2 mol^{-1} ar; e iii) fluxo fixado em 400 µmol ar s .$^{-1}$

2.6.3 Índice de área foliar (LAI)

O índice de área foliar (IAF) foi estimado com o analisador de copa de plantas Li-Cor 2200 (LI-COR, Lincoln, NE). Foram efectuadas três medições ao nível do solo nas linhas centrais, uma na posição de ¼ de linha, uma na posição de ½ linha e uma na posição de ¾ de linha. Os valores individuais de LAI das parcelas foram a média destas três medições. As medições foram efectuadas nos estádios de desenvolvimento V10, V12, R2, R3 e R4.

2.6.4 Desenvolvimento da floração

As informações recolhidas em 20 plantas/parcela aquando da floração incluíram a suspensão das anteras e a extrusão da seda. As parcelas foram monitorizadas todos os dias no início do período da borla (antes da extrusão da seda para os híbridos avaliados) e as observações continuaram até que todas as plantas completassem a silagem. As plantas foram contadas como estando em antese quando pelo menos 10 anteras estavam suspensas da borla, e em silagem quando as sedas extrudiam pelo menos 1 cm da espiga. A duração de 10-90% da antese (ou ensilagem) foi calculada subtraindo as datas em que 2 plantas (10%) tinham atingido a antese (ou ensilagem) da data em que 18 plantas (90%) tinham atingido a antese (ou ensilagem). O intervalo antese-silagem (ASI) foi calculado subtraindo a data em que 10 plantas (50%) atingiram a silagem da data em que 10 plantas (50%) atingiram a antese, uma vez que o ASI é geralmente um número positivo.

2.6.5 Rendimento de grãos e componentes de rendimento

Foi seguida uma metodologia idêntica à utilizada por Roth et al. (2013). Na maturidade, o GY e os seus componentes foram determinados em ambas as épocas. Número real de grãos

(KN) por planta e o peso do grão (KW) (ajustado para 155 g kg^{-1}) foram determinados a partir de espigas das 20 plantas consecutivas das fileiras centrais em R6 em três repetições de cada tratamento. O GY (também ajustado para 155 g kg^{-1}) foi medido após a colheita das duas fileiras centrais com uma ceifeira-debulhadora de parcelas Kincaid XP.

2.6.6 Análises estatísticas

Para as análises estatísticas, o tratamento híbrido foi tratado como uma variável fixa. A análise de variância (ANOVA) foi executada utilizando o PROC MIXED do SAS (SAS INSTITUTE, 2004) e as diferenças entre as médias dos tratamentos também foram analisadas. Para os parâmetros fotossintéticos, o fator VPD foi analisado com o objetivo de verificar se esta é uma covariável influente e significativa.

2.7 Resultados e discussão

2.7.1 Época de crescimento e fenologia

As condições climatéricas durante toda a época de crescimento podem ser vistas na Figura 3.2. A estação de crescimento registou temperaturas e precipitação quase normais em relação às tendências históricas neste local, que podem ser revistas em Ciampitti e Vyn (2011). O que é mais pertinente para este estudo é o facto de ter havido pouco stress de humidade durante o período crítico que antecedeu a muda.

2.7.1.1 Intervalo antese-silêncio (ASI)

Devido à chuva geralmente favorável no início de julho (até 11 de julho[th]), todos os quatro híbridos tiveram boas condições de polinização, bem como um baixo intervalo entre a antese e a silagem (Figura 3.1). O ASI (baseado no tempo entre 50% de pólen derramado e 50% de emergência da seda) foi tão curto quanto zero para o Híbrido 2 (P1162), e nunca foi superior a 2 dias para o Híbrido 4 (P33D49). Como previsto na comparação dos pares de híbridos 111 CRM versus 114 CRM, os híbridos P1151 e P1162 tiveram floração precoce em relação aos híbridos P1498 e 33D49. É importante comentar que o híbrido P1498 obteve um ASI mais curto do que o híbrido 33D49. A caraterística ASI é amplamente reconhecida como um importante indicador da sensibilidade e tolerância do milho a défices hídricos que coincidem com o período de floração. Sob déficit hídrico no florescimento, um menor ASI indica melhor potencial para evitar ou tolerar os efeitos do déficit hídrico e um maior valor de ASI indica maior sensibilidade e intolerância aos efeitos do déficit hídrico (COOPER et al., 2014).

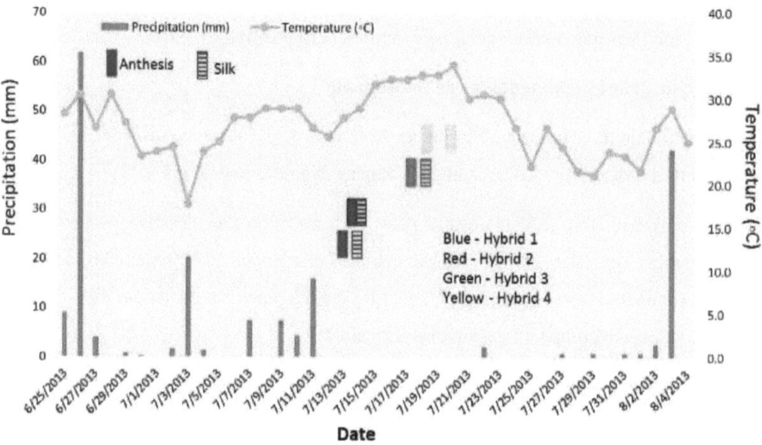

Figura 3.1 - Momento da antese e da emergência da seda (ambos mostrados no dia de 50%), para quatro híbridos (Híbrido 1 = AQUAmax™ P1151, Híbrido 2 = P1162, Híbrido 3 =AQUAmax™ P1498, Híbrido 4 = 33D49) em média em cada nível de densidade de plantas (PD1 = 78.000, e PD2 = 99.000 pl ha^{-1}), e em média em todos os quatro níveis de taxa de N (Nr1 = 0, Nr2 = 134, Nr3 = 202, e Nr4 = 269 kg N sidedress ha^{-1}) como relacionado com a temperatura máxima do ar e precipitação antes e depois do período de floração, temporada de 2013

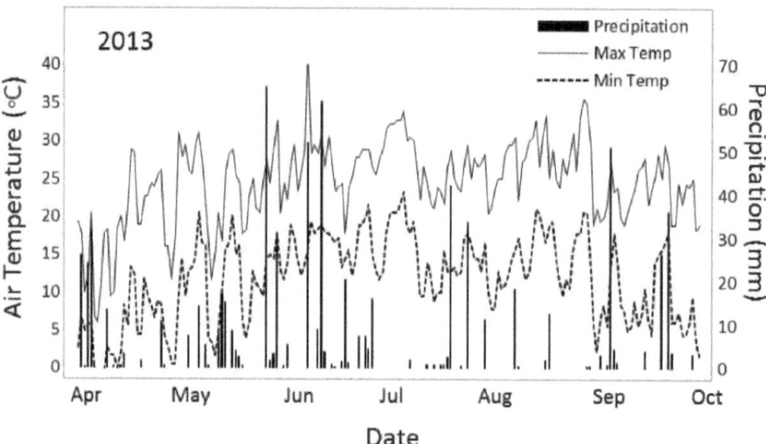

Figura 3.2 - Condições meteorológicas (temperatura máxima e mínima do ar e precipitação média) para as estações de cultivo de milho de 2013 no Centro Agrícola Pinney-Purdue (PPAC) no noroeste de Indiana, EUA

2.7.2 Índice de área foliar

Os efeitos do híbrido, densidade de plantas, taxas de nitrogênio, estágio de desenvolvimento e a interação Híbrido x Estágio resultaram em diferenças significativas para o LAI (Tabela 3.2; Figura 3.3). O híbrido 2 (P1162) teve um LAI médio mais alto do que todos os outros híbridos quando a média foi calculada nas 5 datas de medição, bem como no próprio estágio de crescimento R2. O híbrido 1 (P1151) teve um LAI mais baixo do que o seu homólogo de maturidade semelhante (P1162) durante toda a época. O Híbrido 3 (1498) teve um LAI bastante semelhante ao do seu homólogo de maturidade semelhante, o Híbrido 4 (33D49), exceto na fase R3, especialmente com a maior densidade de plantas, quando o P1498 teve um LAI superior ao do 33D49. Essa vantagem de curto prazo para o P1498 não persistiu até o final do enchimento de grãos, já que o P1498 teve o menor valor de LAI de todos os híbridos no estágio R4. Também foi observado um fatorial significativo entre PD x Nr no estádio V12 (Figura 3.8); os tratamentos com N em cobertura (em todas as taxas de 134 kg N ha^{-1} ou acima) causaram maior IAF em PD2 do que em PD1, enquanto que no tratamento sem N não houve diferença para IAF entre as densidades de plantas. Após analisar as taxas de N nas densidades de plantas, só houve diferença entre os tratamentos adubados com N versus os não adubados (Nr1< Nr2=3=4) em ambos os tratamentos PD. Os híbridos obtiveram maiores valores de LAI para PD2 nos estágios R2 e R3 com uma diminuição do LAI no R4. Essas relações de interação são apresentadas para Híbrido x PD (Figura 3.6) e para Híbrido x Nr (Figura 3.7), este último sem teste de separação de médias.

Em geral, os híbridos de maturação mais precoce (menor CRM), com menor exigência de tempo térmico para a floração, apresentam menor área foliar por planta e menor sombreamento da copa da cultura, necessitando, portanto, de maior densidade de plantas em relação aos híbridos de ciclo normal para atingir seu potencial produtivo (SANGOI, 2000). O abortamento de óvulos, grãos e espigas pode ocorrer de uma semana antes a duas semanas após a ensilagem. Estresse por seca, sombra, alta densidade e/ou deficiência de N durante esse período acentuam esses processos (UHART; ANDRADE, 1995).

2.7.3 Padrões globais de fotossíntese (*A*) e transpiração (*E*)

As taxas fotossintéticas (*A* - taxa de troca de CO_2) e de transpiração (*E*) são apresentadas nos Quadros 1.3 e 1.4, respetivamente. *A A* nas escalas da folha e do dossel diminuiu progressivamente durante a estação de crescimento, seguindo o processo de senescência da folha (Figuras 3.3 e 3.4). Vários estudos relataram a mesma situação para o declínio *de A* durante a estação de crescimento em milho cultivado no campo (KIM et al., 2006; LEAKEY et al., 2006; ECHARTE et al, 2008; MARKELZ; STRELLNER; LEAKEY, 2011; XIA, 2012; ROTH et al., 2013). Foram observados decréscimos significativos em *A* (após V10) e em *E* (após V12) para todos os híbridos. Roth et al (2013), num estudo semelhante, observaram que tanto o stress térmico como o stress hídrico reduziram substancialmente a A e a E durante a fase vegetativa tardia (V12, V15 e R1), o que resultou numa menor biomassa total da planta (BM) no mesmo local em 2012.

Neste estudo, o LAI verde diminuiu em 50% ou mais dos estádios de crescimento R2 a R4 (Quadro 3.2). A diminuição de A e E por unidade de área foliar foi um resultado mais relacionado a estágios de desenvolvimento progressivamente mais tardios (senescência foliar) do que às respostas de temperatura. Os híbridos mais novos mantêm maior biomassa de plantas e grãos sob deficiência de N porque sua capacidade fotossintética diminui mais lentamente após a antese do que nos híbridos mais velhos (DING et al., 2005).

Aumentar a duração da fotossíntese ativa pode elevar o rendimento das culturas e retardar a senescência das folhas é uma das formas de o conseguir (SPANO et al., 2003). Ma e Dwyer (1998) concluíram que um híbrido de milho com uma longa duração da fotossíntese ativa produziu 24% mais matéria seca e assimilou 20% mais N do que um híbrido com uma rápida senescência das folhas durante a fase de enchimento dos grãos. No entanto, a fotossíntese nas folhas, especialmente nas folhas de genótipos de folhas rápidas-senescentes, começa a diminuir durante os últimos estágios de desenvolvimento, o que limita severamente o rendimento de grãos (TOLLENAAR; DAYNARD, 1978).

2.7.4 Avaliação da fase de crescimento: Fotossíntese (A) e Transpiração (E) por unidade de Área Foliar

Ao analisar as Figuras 3.4, 3.5, 3.9 e 3.10, fica claro que o Híbrido 1 (AQUAmax P1151) tem consistentemente menor Fotossíntese (A) e Transpiração (E) do que sua contraparte (Híbrido 2, P1162); esta tendência foi mais evidente dos estágios V12 a R3. No entanto, em R4, a maioria dos valores de A teve uma tendência para se igualar. No entanto, o Híbrido 3 (AQUAmax P1498) apresentou um A e um E globalmente mais elevados do que o Híbrido 4 (33D49). Houve uma diferença mais forte para os valores de A e E no PD1 do que no PD2 na fase R2 (esta fase ocorreu depois de 12 de julho[th]). No mês de julho foi observada uma deficiência de precipitação após o dia 11th, consequentemente, houve menor disponibilidade de água no solo a partir desta fase até o início de agosto. Mesmo com essa deficiência hídrica, de meados de julho até o início de agosto, o híbrido 3 apresentou maior A e numericamente E do que o híbrido 4. Assim, o híbrido 3 poderia ter um mecanismo de manter os estômatos abertos mesmo na situação de menor disponibilidade de água no solo, o que poderia melhorar a condutância hidráulica na planta. Considera-se que a resposta estomática está relacionada com a dinâmica hidráulica da planta. Uma elevada perda de vapor de água das células-guarda e/ou uma escassez de abastecimento de água às células epidérmicas, incluindo as células-guarda em particular, pode resultar numa diminuição da pressão de turgor e provocar o fecho parcial dos estomas (EAMUS et al., 2008). A restrição da transpiração pelos estômatos em situações de alto déficit de pressão de vapor (VPD) parece resultar da limitação da condutância hidráulica na planta, o que restringe o fluxo de água das raízes para os sítios de transpiração na superfície da folha (SINCLAIR; ZWIENIECKI; HOLBROOK, 2008; SADOK; SINCLAIR, 2010).

Foram observadas temperaturas do ar semelhantes durante os períodos de medição da fotossíntese de V10 a R2, com um valor próximo de 33 °C; no entanto, na data de amostragem de R3 foi observada uma diminuição da temperatura do ar (média de 29,3 °C) e em R4 registou-se novamente uma temperatura média do ar mais elevada, com uma média de 34,2 °C (Tabela 3.3). Estas alterações da temperatura do ar, mais o recomeço da precipitação imediatamente antes de R4, poderiam explicar o aumento de R3 para R4 do E após as diminuições subsequentes de V12 para R3. No entanto, numericamente, o A dos híbridos AQUAmax não diminuiu tanto quanto os híbridos não-AQUAmax. Os valores para A (micromol CO_2 m- s-^{21}) em R3 e R4 foram, respetivamente: Híbrido 1 (22,9 e 23,3) - Híbrido 2 (27,2 e 23,2) e Híbrido 3 (28,3 e 26,8) - Híbrido 4 (23,1 - 22,2), sendo que o A do Híbrido 2 foi o mais negativamente afetado pela combinação do estádio de desenvolvimento mais tardio com temperatura do ar mais elevada no primeiro par de híbridos de maturidade semelhante (P1151 e P1162), quando se verificou um decréscimo de quase 4 (micromol CO_2 m- s-^{21}) no valor de A. No entanto, embora o Híbrido 3 (P1498) tenha tido uma pequena diminuição de A, o valor A deste híbrido ainda era muito mais alto do que o seu par de comparação com o Híbrido 4 não-AQUAmax (33D49) que também mostrou um declínio no valor A de R3 para R4. A fotossíntese é geralmente inibida quando a temperatura da folha excede cerca de 38°C (BERRY; BJORKMAN, 1980; EDWARDS; WALKER, 1983). A diminuição da fotossíntese foliar em altas temperaturas deve-se principalmente à redução da eficiência do fotossistema II, em vez de um aumento na respiração de manutenção no escuro ou uma diminuição na área foliar (PRANGE et al., 1990).

Portanto, a maior E durante o período seco pode ser um mecanismo de tolerância à deficiência hídrica causado por um padrão de estomas abertos mais contínuo. Como resultado disso, altas taxas de fotossíntese foram mantidas por mais tempo para o Híbrido 3. No entanto, estatisticamente só houve diferença para E no estágio V12 (Tabela 3.4), mas os pares de híbridos não diferiram entre si (Híbrido 1 = 2; Híbrido 3 = 4). Resultados semelhantes para A em V10 foram observados (Híbrido 1 = 2; Híbrido 3 = 4), Tabela 1.3. No entanto, na fase R4, o Híbrido 3 apresentou um valor A mais elevado do que o Híbrido 4 (com uma diferença de 5 micromol Co_2 m- s-^{21}). O fator tratamento PD não foi significativo para A nem para E. Enquanto que a taxa de N causou uma diferença significativa para ambos, A e E foram maiores nas parcelas com tratamento N (Nr3) em comparação com as parcelas sem aplicação de N em adubação lateral. Não houve interações significativas entre Híbrido e PD nem para Híbrido x Nr em todos os estágios de crescimento amostrados. Resultados semelhantes foram observados por Roth et al. (2013) em pesquisa semelhante em duas safras (2011 e 2012).

Eles observaram diferenças híbridas mínimas em A e E, e também para GY. Neste estudo, a taxa de N também foi o principal fator que regula as respostas de A e E durante os períodos de seca tardia. A maior taxa de N teve um impacto positivo em A e E sob humidade adequada, mas um efeito negativo menor durante as condições de seca.

O menor LAI do híbrido 3 no estádio R4, em comparação com o híbrido 4, além da manutenção de maiores taxas de fotossíntese e transpiração, podem ser caraterísticas que conferem tolerância ao stress hídrico. Pois mesmo com maior transpiração este híbrido apresentou menor área foliar para sofrer perda de água. Além disso, a transpiração é um fator totalmente relacionado com a manutenção da capacidade fotossintética. Tanto os recursos de défice hídrico a longo como a curto prazo conduzem a muitas alterações fisiológicas. A resposta à seca a longo prazo inclui a alteração da relação raiz/parte aérea (BLUM; ARKIN, 1984) e a redução da área foliar; e as respostas à seca a curto prazo incluem a alteração do ajuste osmótico (TURNER et al., 1986).

2.7.5 Biomassa vegetal total, rendimento de grãos e seus componentes

Houve respostas significativas para ambos os factores de tratamento híbrido e taxa de N para a biomassa total da planta (BM), mas não para o fator PD. A BM respondeu progressivamente mais alto à medida que as taxas de N aumentaram. O híbrido 2 obteve a maior biomassa total de plantas; não houve diferença estatística de biomassa total entre os outros híbridos, mas apenas entre eles e o híbrido 2 (Tabela 3.5).

Diferenças significativas ($P<0,05$) em KN e KW foram evidentes em todos os três fatores de tratamento (híbrido, densidade de plantas e taxa de N), Tabela 3.5. Os híbridos P1151 e P1162 apresentaram os valores mais altos de KW, mas os valores mais baixos de KN, enquanto o híbrido 33D49 apresentou respostas opostas nos componentes do grão. Como esperado, tanto o KN médio como o KW médio nos 4 híbridos de milho foram mais elevados na densidade baixa e à medida que as taxas de N aumentaram, embora a taxa de N de 269 Kg por hectare de N não tenha aumentado significativamente nem o KN nem o KW em relação à taxa de 202 kg de N.

Os híbridos tolerantes à seca (AQUAmax) revelaram um índice de colheita de grãos (GHI) mais elevado em comparação com os híbridos não tolerantes à seca (Híbrido 1 > Híbrido 2; Híbrido 3 > Híbrido 4) (Quadro 3.5). O maior PD afectou negativamente o GHI (PD1 > PD2). As taxas mais elevadas de N aumentaram o GHI; o ganho real de GHI entre a taxa de N 4 (269 kg N ha^{-1}) e a taxa de N 1 (zero N) foi em média 0,10 (ou um total de 10% do BM).

Os rendimentos de grãos são apresentados primeiro como rendimentos médios para as densidades de plantas e taxas de N (Quadro 3.5). O rendimento global de grãos foi muito elevado nesta experiência. Os rendimentos de grãos colhidos no conjunto das parcelas foram estatisticamente diferentes ($P<0,05$) para os fatores de tratamento híbrido e taxa de N (Tabela 3.5; Figura 3.11); os mesmos fatores de tratamento também foram significativamente diferentes para outras variáveis. Observamos que o híbrido P1151 não diferiu do P1162, e apenas diferiu do híbrido 33D49. O híbrido 33D49 teve o rendimento de grãos mais baixo, e este híbrido também foi significativamente mais baixo em rendimento do que o seu homólogo de maturidade comparável com a caraterística de tolerância à seca (P1498). Houve uma enorme resposta às taxas de N. Cada incremento de fertilizante N aumentou significativamente os rendimentos, e a taxa de N 4 (269 kg N por hectare) resultou num aumento médio de rendimento de 7,7 Mg por hectare em comparação com o controlo.

De maior interesse neste estudo é a comparação relativa entre os híbridos AQUAmax e os híbridos convencionais de maturidade comparável. Todos os híbridos, quer sejam rotulados como mais ou menos tolerantes à seca, responderam de forma bastante semelhante em termos de rendimento de grãos aos tratamentos de densidade de plantas e taxa de N. Os híbridos AQUAmax específicos variam consideravelmente em suas diferenças fisiológicas com os híbridos de maturidade comparável, mas não demonstraram melhores rendimentos de grãos ou maior estabilidade de rendimento do que os híbridos não-AQUAmax quando cultivados em alta densidade de plantas (99.000 plantas por hectare) do que na densidade de plantas padrão (78.000 plantas por hectare), ou quando cultivados com um estresse de deficiência de N. O híbrido AQUAmax P1151 apresentou, em geral, menor LAI durante o período reprodutivo, um intervalo mais longo entre a antese e a silagem, bem como menores taxas de fotossíntese foliar e transpiração foliar durante toda a estação de crescimento, do que o híbrido de maturidade comparável P1162. Estes resultados confirmam que o P1151 parece ter uma estratégia de conservação de água na zona radicular em relação a outros híbridos comerciais que beneficiaria as plantas de milho em determinados ambientes de seca persistente. Os benefícios de uma estratégia de conservação de água seriam mais prováveis se os sintomas de seca fossem severos durante o período reprodutivo. O híbrido AQUAmax P1498 apresentou, em geral, um LAI aproximadamente igual, uma floração ligeiramente mais precoce, um menor intervalo entre a antese e o enfolhamento e taxas de fotossíntese foliar e transpiração foliar semelhantes a mais elevadas do que o híbrido de maturidade comparável 33D49. O híbrido 1498 também teve números de grãos consistentemente mais baixos, mas pesos finais de grãos mais altos do que o 33D49. O rendimento de grãos foi maior com o P1498, talvez porque o 33D49 foi o último híbrido a florescer no meio de um período de 3 semanas sem chuva (12 de julho a 1 de agosto de 2013).

2.7.6 Discussão

Roth, Ciampitti e Vyn (2013), em estudo semelhante, em duas épocas de cultivo (2011 e 2012) com os mesmos híbridos (Híbrido 1 - P1151 e Híbrido 2 - P1162, em 2011) e (Híbrido 1 - P1151, Híbrido 2 - P1162, Híbrido 3 - P1498, e Híbrido 4 - 33D49, em 2012), com as mesmas taxas de 4 N, e dois PD semelhantes, avaliados A e E em R3, R4 e R5 (em 2011) e em V10, V12, V15, R1, R3, R4 e R5 (em 2012). Os autores referiram temperaturas acima do normal e um registo de condições de seca com apenas 61 mm de chuva de 1st de junho a meados de julho na estação de 2012, e condições meteorológicas quase normais em 2011. As condições meteorológicas em 2012 resultaram em stress severo das plantas, mais evidente de V12 a R1. Neste estudo, a taxa de N afectou significativamente A apenas nas fases R4 e R5. Da mesma forma, em nosso estudo, que apresentou condições climáticas mais normais em comparação com 2012, em relação à tendência climatológica histórica feita por CIAMPITTI e VYN (2011), a taxa de N foi significativa em R4, porém também foi significativa nos estágios anteriores V10 e V12. A falta de efeito da taxa de N nos estágios iniciais na temporada de 2012 pode estar associada à interação entre N e baixo suprimento de água. Além disso, neste estudo, as taxas de N, e não o híbrido ou o PD, foram o principal fator que determinou A e E em ambas as épocas (ROTH, CIAMPITTI; VYN, 2013). Portanto, em nosso estudo houve diferença estatística significativa para o fator híbrido, o Híbrido 3 (AQUAmax P1498) apresentou maior A e E do que o Híbrido 4 (33D49), assim o primeiro se apresentou mais eficiente no uso da água do que o Híbrido 4. Bunce (2010, 2011) observou diferenças significativas em E para inbreds e híbridos de milho. A variação genética ao nível das linhagens foi recentemente documentada por Benesova et al. (2012) com grandes melhorias em A para algumas linhagens em condições de seca, mas com menor variação em E.

2.8 Conclusões

A taxa de N, mais do que o híbrido ou o PD, foi o principal fator que determinou as respostas A e E das folhas durante as diferentes fases de desenvolvimento. Em resumo, todos os híbridos, quer sejam rotulados como mais ou menos tolerantes à seca, responderam de forma semelhante (para GY e alguns parâmetros medidos) aos factores de tratamento PD e N. Não foram encontradas diferenças entre os híbridos em A e E por unidade de folha numa série de condições de stress simultâneas decorrentes de baixo N ou alto PD. No entanto, o híbrido 2 alcançou maior BM do que o híbrido 1 e também do que todos os híbridos neste estudo. No entanto, o LAI real atingido e retido foi o fator mais importante na formação da biomassa e da produção.

O Híbrido 1 (AQUAmax P1151) nunca alcançou um A e E mais elevados do que o seu homólogo não tolerante à seca de igual maturidade, o Híbrido 2 (P1162). O híbrido 1 teve um LAI mais baixo (nos estádios R2 e R3) do que o segundo híbrido e um GY semelhante. O híbrido 3 (AQUAmax P1498) teve a capacidade de manter os estômatos abertos, mesmo na fase seca, o que melhorou a condutância hidráulica na planta, como evidenciado pelo maior E (número numérico) do que o híbrido 2 (não tolerante à seca) em todos os períodos de amostragem. Além disso, o híbrido 3 apresentou menor LAI e maior A no estágio R4. Mesmo com maior E do que seu par de comparação, o híbrido 4, o híbrido 3 apresentou melhor eficiência no uso da água do que o híbrido 4 (não tolerante à seca), talvez por causa de um menor LAI (menor área para perder água) e maior A.

O mecanismo de tolerância à seca mais importante no P1498 é menos claro do que no P1151, mas o P1498 parece ser capaz de manter taxas de transpiração foliar e fotossíntese mais elevadas do que o 33D49 no período de enchimento de grãos (independentemente da variação do stress hídrico durante o período de enchimento de grãos). Assim, talvez este híbrido tenha simplesmente melhorado a persistência na absorção de água pela raiz no final da estação. Não houve diferenciação de uma única caraterística nas medições de fotossíntese ou transpiração entre esses híbridos durante a estação de crescimento de 2013.

Não houve evidência de que os híbridos AQUAmax fossem diferentes dos híbridos não AQUAmax em sua resposta aos fertilizantes N ou à PD. Assim, é improvável que a gestão dos fertilizantes N deva mudar quando os híbridos AQUAmax são cultivados ou que os híbridos AQUAmax possam ter um melhor desempenho com uma maior densidade de plantas. Certamente não há evidências de que as taxas ideais de fertilizantes N seriam menores para esses híbridos AQUAmax.

2.9 Investigação futura

A procura de genótipos de milho mais tolerantes aos stresses abióticos é e continuará a ser uma tarefa constante, a fim de obter maiores rendimentos de grãos de milho. Da mesma forma, o stress periódico ou persistente da seca durante a estação de crescimento é e continuará a ser um fator negativo frequente na produção de milho. Assim, as empresas trabalharão diligentemente para atingir o objetivo de ter genótipos tolerantes a diversos tipos de stresses abióticos, mas com prioridade na obtenção de melhores rendimentos quando ocorre uma deficiência de água no solo.

Por conseguinte, novos estudos com uma gama ainda mais vasta de híbridos devem continuar a avaliar os traços ou mecanismos que tornam a cultura do milho tolerante a diferentes situações de stress hídrico em diferentes fases de crescimento. A continuação da investigação deve ter mais épocas de avaliação que possam ser comparadas entre si para investigar a capacidade de resposta das culturas em diferentes ambientes. Também é importante que as avaliações sejam efectuadas durante todo o período de crescimento, incluindo as fases inicial e final (senescência), de preferência com o objetivo de estudar a resposta da cultura do milho relacionada com o ambiente desde a germinação até à maturidade fisiológica. Outro fator importante é a realização de mais avaliações de plantas abaixo do solo, estes estudos são muito importantes para ver como os padrões de raiz e a atividade da raiz em diferentes genótipos afectam a eficiência do uso da água. Também é importante realizar avaliações de fotossíntese e transpiração durante as diferentes horas do dia, com o objetivo de ver o comportamento do milho com mais variação de recursos de luz e temperatura durante os ciclos diurnos à medida que a estação avança.

Tabela 3.2 - Índice de área foliar (IAF) (m^2 m^{-2}) obtido com Licor 2200 (LI-COR, Lincoln, NE) para todos os híbridos (Híbrido 1 = AQUAmax™ P1151, Híbrido 2 = P1162, Híbrido 3 = AQUAmax™ P1498, Híbrido 4 = 33D49) em ambas as densidades (PD1 = 78,000 pl ha^{-1}, PD2 = 99,000 pl ha^{-1}), e em quatro taxas de N (Nr1 = 0 kg N ha^{-1}, Nr2 = 134 kg N ha^{-1}, Nr3 = 202 kg N ha^{-1}, Nr4 = 269 kg N ha^{-1}) em vários estágios de crescimento durante a temporada de 2013. Os valores médios representam a média de 3 repetições de 3 medições por parcela

2013	LAI (m^2 m^{-2}) V10	V12	R2	R3	R4	Média
Híbrido						
Hib 1	2.2 ab	3.0	3.8 c	3.2 d	1.9 a	2.81 b
Hib 2	2.3 a	3.2	4.9 a	4.6 a	2.0 a	3.42 a
Hyb 3	2.1 b	2.9	4.2 b	4.1 b	1.2 b	2.89 b
Hyb 4	1.8 c	2.9	4.1 a.C.	3.4 cd	2.0 a	2.83 b
PD						
PD 1	2.0 b	2.8 b	3.9 b	3.6 b	1.7	2.79 b
PD 2	2.2 a	3.3 a	4.5 a	4.0 a	1.8	3.18 a
Nr						
Nº 1	1.9 b	2.5 b	3.3 c	2.9 c	1.5 b	2.39 c
Nº 2	2.2 ab	3.2 a	4.3 b	2.7 b	1.6 b	3.02 b
Nº 3	2.1 a	3.2 a	4.8 a	4.2 a	2.1 a	3.28 a
Nº 4	2.1 a	3.2 a	4,5 ab	4.3 a	1.9 ab	3.22 ab
Anova						
Hyb	**	ns	**	**	**	*
PD	**	**	**	ns	ns	**
Nr	**	**	**	*	*	**
Hyb x PD	ns	ns	ns	ns	ns	ns
Hyb xNr	ns	ns	ns	ns	ns	ns
PD x Nº	ns	*	ns	ns	ns	ns
Hyb x PD x Nr	ns	ns	ns	ns	ns	ns

ns = não significativo; *=P<0,05; **=P<0,01; ***=P<0,0001

Tabela 3.3 - Fotossíntese foliar (A) (micromol CO_2 m- s^{-21}) utilizando Licor 6400XT (LI-COR, Lincoln, NE) para todos os híbridos (Híbrido 1 = AQUAmax^{TM} P1151, Híbrido 2 = P1162, Híbrido 3 = AQUAmax^{TM} P1498, Híbrido 4 = 33D49) em ambas as densidades (PD1 = 78.000 pl ha^{-1} , PD2 = 99.000 pl ha^{-1}) e em duas taxas de N (Nr1 = 0 kg N ha^{-1} , Nr3 = 202 kg N ha^{-1}) em vários estágios de crescimento durante a temporada de 2013. Cada valor representa três réplicas (total de 4 pontos por parcela) de plantas isoladas do campo, aclimatadas à luz na folha mais jovem totalmente expandida em estágios vegetativos e na folha da espiga em estágios reprodutivos

	Fotossíntese (A)				
	V10	V12	R2	R3	R4
AT(°C)#	(33.1)	(33.9)	(33.8)	(29.3)	(34.2)
Híbrido					
Híbrido 1	48.5 a	41.3	21.4	22.9	23.3 ab
Híbrido 2	49.1 a	41.7	27.9	27.2	23.2 ab
Híbrido 3	48.1 ab	39.8	30.7	28.3	26.8 a
Híbrido 4	44.2 b	40.1	24.9	23.1	22.2 b
PD					
PD1	48.0	41.3	26.8	26.2	25.8
PD2	46.8	40.2	25.6	24.6	21.8
Nr					
Nr1	44.5 b	36.2 b	25.2	21.5	21.6 b
Nr3	50.4 a	44.9 a	27.2	29.3	26.0 a
ANOVA					
Hyb	**	ns	NA	NA	**
PD	ns	ns	NA	NA	ns
Nr	**	**	NA	NA	**
Hyb x PD	ns	ns	NA	NA	ns
Hyb x Nr	ns	ns	NA	NA	ns
PD x N°	ns	ns	NA	NA	ns
Hyb x PD x Nr	ns	ns	NA	NA	ns

#AT = Temperatura média do ar em cada fase da amostra, em °C.

NA = não aplicável; ns = não significativo; *=P<0,05; **=P<0,01; ***=P<0,0001.

Apenas 2 repetições foram completadas para as medições dos estádios R2 e R3 e os tratamentos não puderam ser avaliados estatisticamente

Tabela 3.4 - Transpiração foliar *(E)* (μmol H2O m^{-2} s^{-1}) utilizando Licor 6400XT (LI-cor, Lincoln, NE) para todos os híbridos (Híbrido 1 = AQUAmax^{TM} P1151, Híbrido 2 = P1162, Híbrido 3 = AQUAmax^{TM} P1498, Híbrido 4 = 33D49) em ambas as densidades (PD1 = 78.000 pl ha^{-1}, PD2 = 99.000 pl ha^{-1}) e em duas taxas de N (Nr1 = 0 kg N ha^{-1}, Nr3 = 202 kg N ha^{-1}) em vários estágios de crescimento durante a temporada de 2013. Cada valor representa três réplicas (total de 4 pontos por parcela) de plantas isoladas do campo, aclimatadas à luz na folha mais jovem totalmente expandida em estágios vegetativos e na folha da espiga em estágios reprodutivos

| | Transpiração *(E)* | | | | |
	V10	V12	R2	R3	R4
Híbrido					
Híbrido 1	8.04	8.18 ab	3.81	3.79	4.72
Híbrido 2	8.53	8.85 a	5.65	5.09	5.39
Híbrido 3	8.07	7.31 ab	5.52	4.46	4.92
Híbrido 4	7.61	7.00 b	4.32	3.44	4.17
PD					
PD1	8.12	7.97	4.91	4.37	5.07
PD2	8.00	7.77	4.74	3.98	4.49
Nr					
Nr1	7.47 b	6.86 b	4.81	3.68	4.64
Nr3	8.63 a	8.82 a	4.85	4.66	4.93
ANOVA					
Hyb	ns	**	NA	NA	ns
PD	ns	ns	NA	NA	ns
Nr	**	**	NA	NA	ns
Hyb x PD	ns	ns	NA	NA	ns
Hyb x Nr	ns	ns	NA	NA	ns
PD x N°	ns	ns	NA	NA	ns
Hyb x PD x Nr	ns	ns	NA	NA	ns

ns = não significativo; *=P<0,05; **=P<0,01; ***=P<0,0001.

NA = não aplicável; ns = não significativo; *=P<0,05; **=P<0,01; ***=P<0,0001.

Apenas 2 repetições foram completadas para as medições dos estádios R2 e R3 e os tratamentos não puderam ser avaliados estatisticamente

Tabela 3.5 - Rendimento de grãos (155 g kg^{-1} umidade) da colheita da colheitadeira (GY), índice de colheita de grãos (GHI), número de grãos (KN), peso do grão (KW) e biomassa total da planta, BM (Mg ha^{-1}) na maturidade fisiológica para todos os híbridos de milho (Híbrido 1 = AQUAmax^{TM} P1151, Híbrido 2 = P1162, Híbrido 3 = AQUAmax^{TM} P1498, Híbrido 4 = 33D49, e Híbrido 5 = P1184) cultivados em duas densidades de plantas (PD1 = 78.000, PD2 = 99.000 pl ha^{-1}) e quatro taxas de N (Nr1 = 0, Nr2 = 134, Nr3 = 202, e Nr4 = 269 kg ha^{-1}) em 2013

	GY (Mg ha^{-1})	GHI	KN (kernel m^{-2})	KW (mg amêndoa^{-1})	BM total (Mg ha^{-1})
Híbrido					
Hib 1	13.24 a	0.55 a	4074 c	295 a	20.7 b
Hib 2	12.96 a	0,51 bc	3827 d	304 a	22.0 a
Hyb 3	12.68 a	0.52 b	4522 b	249 b	20.0 b
Hyb 4	11.56 b	0.50 c	4839 a	227 c	19.6 b
PD					
PD 1	12.61	0.52 a	4196 b	274 a	20.4
PD 2	12.71	0.51 b	4435 a	263 b	20.8
Nr					
Nº 1	7.44 d	0.45 c	2773 c	247 c	13.8 c
Nº 2	13.38 c	0.52 b	4672 b	265 b	21.8 b
Nº 3	14.46 b	0,54 ab	4898 ab	278 a	23.1 ab
Nº 4	15.14 a	0.55 a	4919 a	286 a	23.6 a
Anova					
Hyb	**	**	**	**	**
PD	ns	**	**	**	ns
Nr	**	**	**	**	**
Hyb x PD	ns	ns	ns	ns	ns
Hyb xNr	ns	ns	ns	ns	ns
PD x Nº	ns	ns	ns	ns	ns
Hyb x PD x Nr	ns	ns	ns	ns	ns

ns = não significativo; *=P<0,05; **=P<0,01; ***=P<0,001

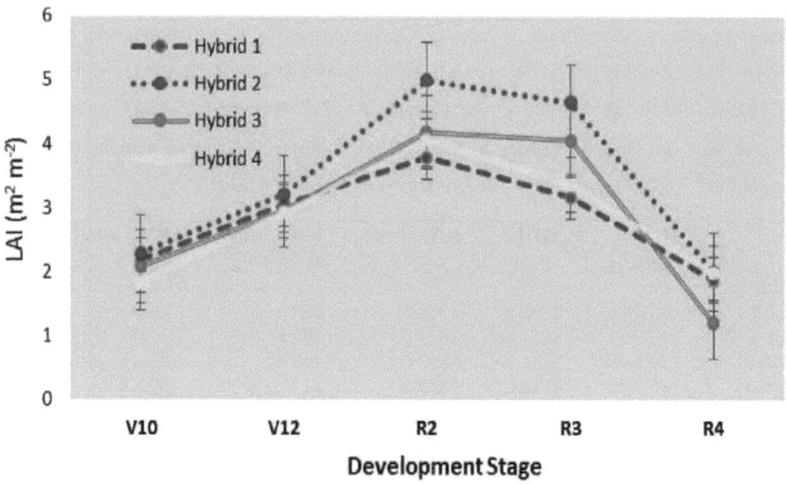

Figura 3.3 - LAI - Índice de Área Foliar (m² m⁻²) para todos os híbridos (Híbrido 1 = AQUAmaxTM P1151, Híbrido 2 = P1162, Híbrido 3 = AQUAmax^{TM} P1498, Híbrido 4 = 33D49) em ambas as densidades (PD1 = 78,000 pl ha⁻¹ , PD2 = 99,000 pl ha⁻¹) e em quatro taxas de N (Nr1 = 0 kg N ha⁻¹ , Nr2 = 134 kg N ha⁻¹ , Nr3 = 202 kg N ha⁻¹ , Nr4 = 269 kg N ha⁻¹) em vários estágios de crescimento durante a temporada de 2013. Os valores médios representam a média de 3 repetições de 3 medições por parcela

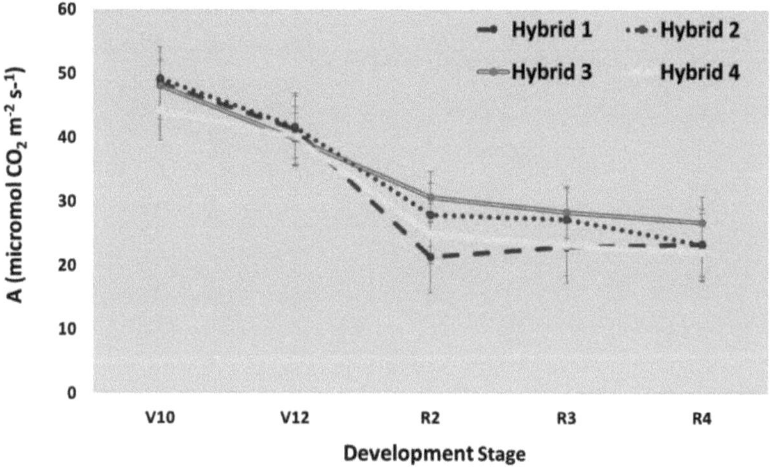

Figura 3.4 - A - Taxas de fotossíntese (µmol CO2 m-2 s-1) usando Licor 6400XT (LI- COR, Lincoln, NE) para todos os híbridos (Híbrido 1 = AQUAmaxTM P1151, Híbrido 2 = P1162, Híbrido 3 = AQUAmaxTM

P1498, Híbrido 4 = 33D49) em ambas as densidades (PD1 = 78.000 pl ha-1, PD2 = 99.000 pl ha-1) e em duas taxas de N (Nr1 = 0 kg N ha-1, Nr3 = 202 kg N ha-1) em vários estágios de crescimento ao longo da temporada de 2013. Cada valor representa três repetições (total de 4 pontos por parcela) de plantas isoladas do campo, aclimatadas à luz na folha mais jovem totalmente expandida em estágios vegetativos e na folha da espiga em estágios reprodutivos. Nota: Apenas 2 repetições foram completadas para as medições das fases R2 e R3

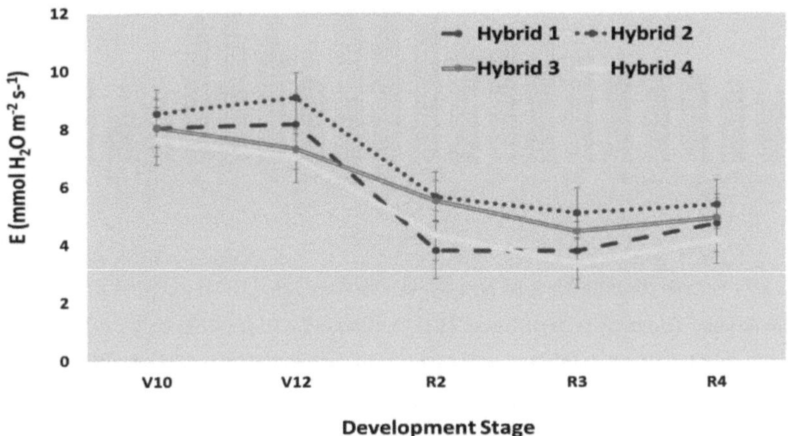

Figura 3.5 - E - Taxas de transpiração das folhas (µmol H2O m-2 s-1) usando Licor 6400XT (LI- COR, Lincoln, NE) para todos os híbridos (Híbrido 1 = AQUAmaxTM P1151, Híbrido 2 = P1162, Híbrido 3 = AQUAmaxTM P1498, Híbrido 4 = 33D49) em ambas as densidades (PD1 = 78.000 pl ha-1, PD2 = 99.000 pl ha-1) e em duas taxas de N (Nr1 = 0 kg N ha-1, Nr3 = 202 kg N ha-1) em vários estágios de crescimento ao longo da temporada de 2013. Cada valor representa três repetições (total de 4 pontos por parcela) de plantas isoladas do campo, aclimatadas à luz na folha mais jovem totalmente expandida em estágios vegetativos e na folha da espiga em estágios reprodutivos. Nota: Apenas 2 repetições foram completadas para as medições das fases R2 e R3

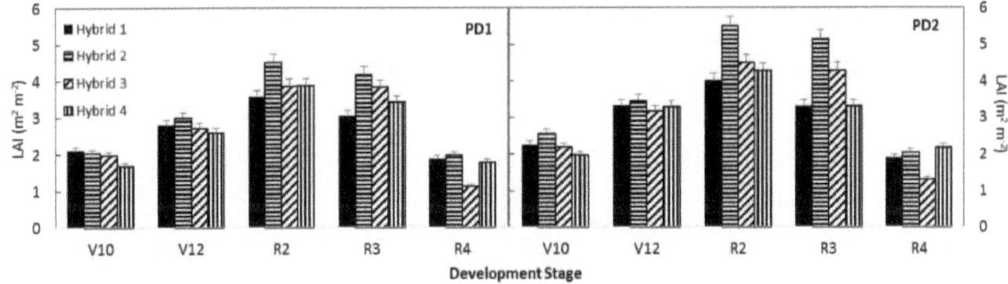

Figura 3.6 - Fatorial para Híbrido x PD para Índice de Área Foliar (IAF) (m2 m-2) para todos os híbridos de milho (Híbrido 1 = AQUAmaxTM P1151, Híbrido 2 = P1162, Híbrido 3 = AQUAmaxTM P1498, Híbrido 4 = 33D49) cultivados em duas densidades de plantas (PD1 = 78.000, PD2 = 99.000 pl ha-

103

1) e quatro taxas de N (Nr1 = 0, Nr2 = 134, Nr3 = 202 e Nr4 = 269 kg ha-1) em vários estágios de crescimento ao longo da temporada de 2013. Os valores médios representam a média de 3 repetições de 3 medições por parcela

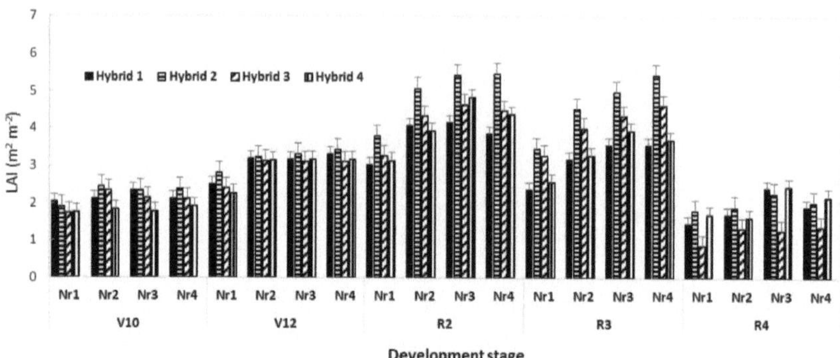

Figura 3.7 - Fatorial para Híbrido x Nr para o Índice de Área Foliar (LAI) (m^2 m^{-2}) para todos os híbridos de milho (Híbrido 1 = AQUAmax^{TM} P1151, Híbrido 2 = P1162, Híbrido 3 = AQUAmax^{TM} P1498, Híbrido 4 = 33D49) cultivados em duas densidades de plantas (PD1 = 78.000, PD2 = 99.000 pl ha^{-1}) e quatro taxas de N (Nr1 = 0, Nr2 = 134, Nr3 = 202 e Nr4 = 269 kg ha^{-1}) em vários estágios de crescimento durante a temporada de 2013. Os valores médios representam a média de 3 repetições de 3 medições por parcela

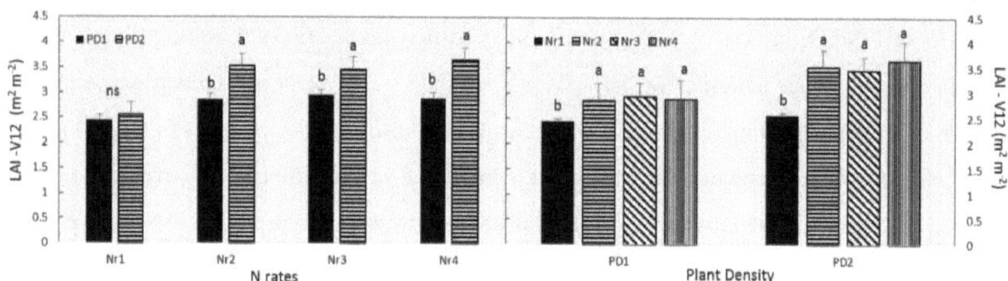

Figura 3.8 - Teste de separação de médias para o Índice de Área Foliar (IAF) (m^2 m^{-2}) para o fatorial PD x Nr no estádio V12, para todos os híbridos de milho (Híbrido 1 = AQUAmax^{TM} P1151, Híbrido 2 = P1162, Híbrido 3 = AQUAmax^{TM} P1498, Híbrido 4 = 33D49) cultivados em duas densidades de plantas (PD1=78.000, PD2=99.000 pl ha^{-1}) e quatro taxas de N (Nr1 = 0, Nr2 = 134, Nr3 = 202, e Nr4 = 269 kg ha^{-1}) em 2013

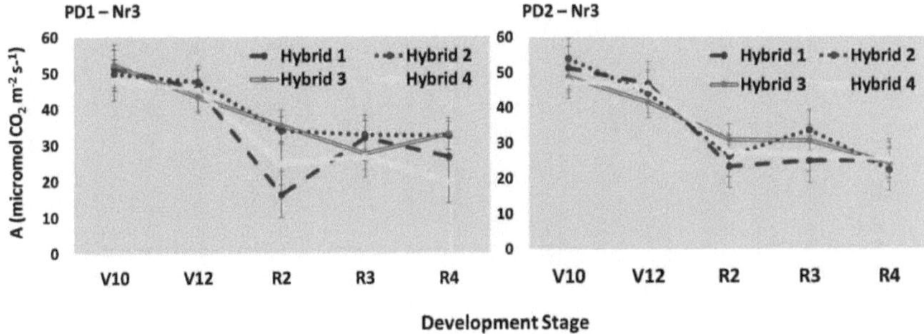

Figura 3.9 - *A* - Taxas de fotossíntese (μmol CO_2 m^{-2} s^{-} 1) utilizando o Licor 6400XT (LI-COR, Lincoln, NE) para todos os híbridos (Híbrido 1 = AQUAmaxTM P1151, Híbrido 2 = P1162, Híbrido 3 = AQUAmax^{TM} P1498, Híbrido 4 = 33D49) em ambas as densidades (PD1 = 78.000 pl ha^{-1} , PD2 = 99.000 pl ha^{-1}) e em apenas uma taxa de N (Nr3 = 202 kg N ha^{-1}) em vários estágios de crescimento durante a temporada de 2013. Cada valor representa três repetições (total de 4 pontos por parcela) de plantas isoladas do campo, aclimatadas à luz na folha mais jovem totalmente expandida em estágios vegetativos e na folha da espiga em estágios reprodutivos. Nota: Apenas 2 repetições foram completadas para as medições das fases R2 e R3

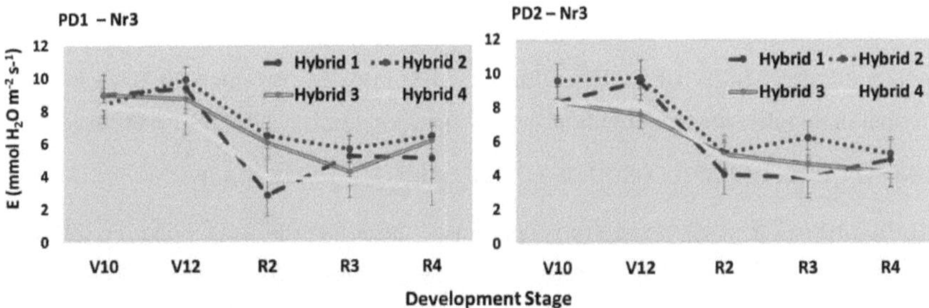

Figura 3.10 - *E* - Taxas de transpiração das folhas (μmol H_2O m^{-2} s$^{\wedge 1}$) usando Licor 6400XT (LI-COR, Lincoln, NE) para todos os híbridos (Híbrido 1 = AQUAmax^{TM} P1151, Híbrido 2 = P1162, Híbrido 3 = AQUAmax^{TM} P1498, Híbrido 4 = 33D49) em ambas as densidades (PD1 = 78.000 pl ha^{-1} , PD2 = 99.000 pl ha^{-1}) e em apenas uma taxa de N (Nr3 = 202 kg N ha^{-1}) em vários estágios de crescimento ao longo da temporada de 2013. Cada valor representa três repetições (total de 4 pontos por parcela) de plantas isoladas do campo, aclimatadas à luz na folha mais jovem totalmente expandida em estágios vegetativos e na folha da espiga em estágios reprodutivos. Nota: Apenas 2 repetições foram completadas para as medições das fases R2 e R3

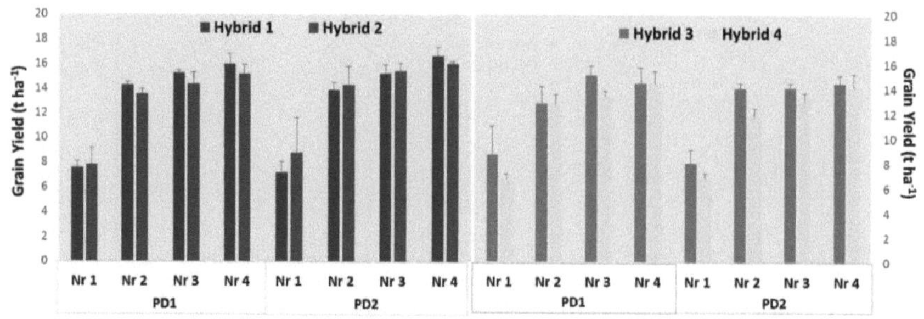

Figura 3.11 - Rendimento de grãos (t ha^{-1}) na maturidade fisiológica para todos os híbridos de milho (Híbrido 1 = AQUAmax^{TM} P1151, Híbrido 2 = P1162, Híbrido 3 = AQUAmax^{TM} P1498, Híbrido 4 = 33D49, e Híbrido 5 = P1184) cultivados em duas densidades de plantas (PD1 = 78.000, PD2 = 99.000 pl ha^{-1}), e quatro taxas de N (Nr1 = 0, Nr2 = 134, Nr3 = 202, e Nr4 = 269 kg ha^{-1}) em 2013

Referências

BANZIGER, M.; EDMEADES, G.O.; LAFITTE, H.R. Mecanismos fisiológicos que contribuem para o aumento da tolerância ao stress de N em milho tropical selecionado para tolerância à seca. **Field Crops Research**, Amsterdão, v. 75, p. 223-233, 2002.

BANZIGER, M.; EDMEADES, G.O.; BECK, D.; BELLON, M. **Breeding for drought land nitrogen stress tolerance in maize:** from theory to practice. México: CIMMYT, 2000. 68 p.

BENESOVA, M.; HOLA, D.; FISCHER, L.; JEDELSKY, P.L; HNILICKA, F.;

WILHELMOVA, N. A fisiologia e a proteómica da tolerância à seca no milho: Fechamento estomático precoce como causa de menor tolerância à desidratação de curto prazo? **PLoS ONE**, São Francisco, v. 7, n. 6, e38017, 2012.

BERGAMASCHI, H.; DALMAGO, G.A.; BERGONCI, J.I.; BIANCHI, C.A.M.; MÜLLER, A.G.; COMIRAN, F.; HECKLER, B.M.M. Distribuiçao hidrica no periodo critico do milho e produçao de graos. **Pesquisa Agropecuária Brasileira**, Brasília, v. 39, p. 831-839, 2004.

BERGAMASCHI, H.; DALMAGO, G.A.; COMIRAN, F.; BERGONCI, J.I.; MÜLLER, A.G.; FRANÇA, S.; SANTOS, A.O.; RADIN, B.; BIANCHI, C.M.M.; PEREIRA, P.G. Déficit hídrico e produtividade da cultura do milho. **Pesquisa Agropecuária Brasileira**, Brasília, v. 41, n. 2, p. 243-249, 2006.

BERRY, J.A.; BJORKMAN, O. Photosynthetic response and adaptation to temperature in higher plants. **Annual Review of Plant Physiology and Plant Molecular Biology**, Palo Alto, v. 31, p. 491-543, 1980.

BLUM, A.; ARKIN, G.F. Sorghum root growth and water use as affected by water supply and growth duration. **Field Crops Research**, Amesterdão, v. 9, p. 131-142, 1984.

BOOMSMA, C.R.; SANTINI, J.B.; TOLLENAAR, M.; VYN, T.J. Maize morpho- physiological responses to intense crowding and low nitrogen availability: Uma análise e revisão. **Agronomy Journal,** Madison, v. 101, p. 1426-1452, 2009.

BRUCE, W.B.; EDMEADES G.O.; BARKER T.C. Molecular and physiological approaches to maize improvement for drought tolerance. **Journal of Experimental Botany**, Oxford, v. 53, p 13-25, 2002.

BUNCE, J.A. Eficiência da transpiração foliar de algumas linhagens de milho resistentes à seca. **Crop Science,** Madison, v. 50, p. 1409-1413, 2010.

. Eficiência da transpiração foliar de variedades de milho doce de três eras de melhoramento. **Crop Science,** Madison, v. 51, p 793-799, 2011.

CAMPOS, H.; COOPER, M.; EDMEADES, G.O.; LOFFLER, C.; SCHUSSLER, J.R; IBANEZ, M. Changes in drought tolerance in maize associated with fifty years of breeding for yield in the U.S. Corn Belt. **Maydica**, Roma, v. 51, p 369-381, 2006.

CIAMPITTI, I.A.; VYN, T.J. A comprehensive study of plant density consequences on nitrogen uptake dynamics of maize plants from vegetative to reproductive stages. **Field Crops Research,** Amesterdão, v. 121, p. 2-18, 2001.

CIAMPITTI, I.A.; MURRELL, S.T.; CAMBERATO, J.J.; TUINSTRA, M.; XIA, Y.; FRIEDEMANN, P.; VYN, T.J. Physiological dynamics of maize nitrogen uptake and partitioning in response to plant density and nitrogen stress factors: II. Fase reprodutiva.

Crop Science, Madison, v. 53, n. 6, p. 2588-2602, 2013.

COOPER, M.; GHO, C.; LEAFGREN, R.; TANG, T.; MESSINA, C. Criação de híbridos de milho tolerantes à seca para o cinturão do milho dos EUA: da descoberta ao produto. **Journal of Experimental Botany,** Oxford, v. 65, n. 21, p. 6191-204, 2014.

COSTA, J.R.; PINHO, J.L.N.; BEZERRA, M.L.; AQUINO, B.F.; CAVALCANTE JR, A.T.

Variâveis hidricas e morfológicas em cultivares de milho (*Zea mays*, L.) submetidas ao estresse hidrico em dois estàdios fenológicos da cultura. In: CONGRESSO BRASILEIRO DE FISIOLOGIA VEGETAL, 8., 2001, Ilhéus. **Resumos...** Ilhéus: Sociedade Brasileira de Fisiologia Vegetal, 2001. p. 20.

DEMIREVSKA, K.; ZASHEVA, D.; DIMITROV, R.; SIMOVA-STOILOVA, L.;

STAMENOVA, M.; FELLER, U. Drought stress effects on Rubisco in wheat: changes in the Rubisco large subunit. **Ata Physiology Plantarum**, Heidelberg, v. 31, p. 1129- 1138, 2009.

DING, L.; WANG, K.J.; JIANG, G.M.; BISWAS, D.K.; Xu, H.; LI, L.F.; LI, Y.H. Effects of nitrogen deficiency on photosynthetic traits of maize hybrids released in different years. **Annals of Botany**, Oxford, v. 96, p. 925-930, 2005.

DWYER, L. M.; TOLLENAAR, M.; HOUWING, L. A nondestructive method to monitor leaf greenness in corn. **Canadian Journal of Plant Science**, Ottawa, v. 71, p. 505-509, 1991.

DWYER, L.M.; ANDERSON, A.M.; STEWART, D.W.; MA, B.L., TOLLENAAR, M. Changes in maize hybrid photosynthetic response to leaf nitrogen, from preanthesis to grain fill. **Agronomy Journal**, Madison, v. 87, p. 1221-1225, 1995.

EARL, H. J.; TOLLENAAR, M. Absorção foliar da radiação fotossinteticamente ativa pelo milho e sua estimativa usando um medidor de clorofila. **Crop Science**, Madison, v. 37, n. 2, p. 436-440, 1997.

EARL, H.J.; TOLLENAAR, M. Using chlorophyll fluorometry to compare photosynthetic performance of commercial maize (*Zea mays* L.) hybrids in the field. **Field Crops Research**, Amesterdão, v. 61, p. 201-210, 1999.

EAMUS, D.; TAYLOR, D.T.; MACINNIS-NG, C.M.O.; SHANAHAN, S.; DE SILVA, L. Comparação de previsões de modelos e dados experimentais para a resposta da condutância estomática e do turgor das células-guarda a manipulações da condutância cuticular, da diferença de pressão de vapor da folha para o ar e da temperatura: os mecanismos de feedback são capazes de explicar todas as observações.

Plant, Cell and Environment, Oxford, v. 31, p. 269-277, 2008.

ECHARTE, L.; ROTHSTEIN, S.; TOLLENAAR, M. A resposta da fotossíntese foliar e da acumulação de matéria seca ao fornecimento de azoto num híbrido de milho mais antigo e mais recente. **Crop Science**, Madison, v. 48, p. 656-665, 2008.

EDWARDS, G.; WALKER, D. **C3, C4: mechanisms and cellular and environmental regulation of photosynthesis**. Berkeley; Davis: University of California Press, 1983.

HATTERSLEY, P.W. Caracterização da anatomia foliar do tipo C4 em gramíneas (*Poaceae*). Razão entre a área do mesofilo e a área da bainha dos feixes. **Annals of Botany**, Oxford, v. 53, p. 163-179, 1984.

JALEEL, C.A.; PARAMASIVAM, M.; WAHID, A.; FAROOQ, M.; AL-JUBURI, H.J.; SOMASUNDARAM, F.; PANNEERSELVAM, R. Stress de seca em plantas: Uma revisão sobre as caraterísticas morfológicas e a composição dos pigmentos. **International Journal of Agriculture and Biology,** Faisalabad, v. 11, p. 100-105, 2009.

KIM, S.H.; SICHER, R.C.; BAE, H.; GITZ, D.C.; BAKER, J.T.; TIMLIN, D.J.; REDDY, V.R.

Canopy photosynthesis, evapotranspiration, leaf nitrogen, and transcription profiles of maize in response to CO2 enrichment. **Global Change Biology**, Chichester, v. 12, p. 588600, 2006.

LEAKEY, A.D.B.; URIBELARREA, M.; AINSWORTH, E.A.; NAIDU, S.L.; ROGERS, A.; ORT, D.R.; LONG, S.P. Photosynthesis, productivity, and yield of maize are not affected by open-air elevation of CO2 concentration in the absence of drought. **Fisiologia Vegetal.**

Rockville, v. 140, p. 779-790, 2006.

LI; Y.; SPERRY; J. S.; SHAO, M. Condutância hidráulica e vulnerabilidade à cavitação em híbridos de milho (*Zea mays* L.) com diferentes resistências à seca. **Environmental and Experimental Botany**, Oxford, v. 66, p. 341-346, 2009.

MA, B.L.; DWYER, L.M. Nitrogen up take and use of two contrasting maize hybrids differing in leaf senescence. **Plant and soil**, Dordrecht, v. 199, p. 283-291, 1998.

MARKELZ, R.J.C.; STRELLNER, R.S.; LEAKEY, A.D.B. Impairment of C4 photosynthesis by drought is exacerbated by limiting nitrogen and ameliorated by elevated [CO2] in maize.

Journal of Experimental Botany, Oxford, v. 62, p. 3235-3246, 2011.

MONNEVEUX, P.; SANCHEZ, C.; BECK, D.; EDMEADES, G.O. Melhoramento da tolerância à seca em populações de origem de milho tropical: evidência de progresso. **Crop Science,** Madison, v. 46, p. 180-191, 2006.

PIONEER. **Produtos Optimum** AQUAmaxTM **da DuPont Pioneer**. Disponivel em: <https://www.pioneer.com/CMRoot/Pioneer/US/products/seed_trait_technology/see_the_diff erence/AQUAmax_Product_Offerings.pdf>. Acesso em: 15 dez. 2013.

. Disponivel em: <http://www.pioneersementes.com.br/Media Center/Pages/Detalhe- do-Artigo.aspx?p=165>. Acesso em: 08 jul. 2014.

PRANGE, R.K.; McRAE, K.B.; MIDMORE, D.J., DENG, R. Reduction in potato growth at high-temperature - role of photosynthesis and dark respiration. **American Potato Journal,** Nova Iorque, v. 67, p. 357-369, 1990.

ROTH, J.; CIAMPITTI, I.A.; VYN, T.J. Avaliações fisiológicas de híbridos recentes de milho tolerantes à seca em diferentes níveis de estresse. **Agronomy Journal**, Madison, v. 105, p. 1129-1141, 2013.

SADOK, W.; SINCLAIR, T.R. Genetic variability of transpiration response of soybean (*Glycine max* (L.) Merr.) shoots to leaf hydraulic conductance inhibitor AgNO3. **Crop Science**, Madison, v. 50, p. 1423-1430, 2010.

SANCHEZ, R.A.; HALL,A.J.; TRAPANI N.; COHEN DE HUNAU, R. Effects of water stress on chlorophyll content, nitrogen level and photosynthesis of leaves of two maize genotypes.

Photosynthesis Research, Dordrecht, v. 4, p. 35-47, 1983.

SANGOI, L. Entendendo os efeitos da densidade de plantas no crescimento e desenvolvimento do milho: uma questão importante para maximizar o rendimento de grãos. **Ciência Rural,** Santa Maria, v. 31, n. 1, p. 159-168, 2000.

INSTITUTO SAS. **SAS/STAT 9.1:** guia do utilizador. Cary, 2004. 824 p.

SCHITTENHELM, S. Composição química e rendimento em metano de híbridos de milho com maturidade contrastante. **Revista Europeia de Agronomia**, Córdoba, v. 29, n. 2, p. 72-79, 2008.

. Efeito do stress hídrico no rendimento e na qualidade das culturas intercalares de milho/girassol e milho/sorgo para a produção de biogás. **Journal of Agronomy and Crop Science**, Berlim, v. 196, n. 4, p. 253-261, 2010.

SHAO, H.; CHU, L.; JALEEL, C. A.; ZHAO, C. Water-deficit stress induced anatomical changes in higher plants. **Comptes Rendus Biologies**, Paris, v. 331, p. 215-225, 2008.

SINCLAIR, T.R.; ZWIENIECKI, M.A.; HOLBROOK, N.M. Condutância hidráulica foliar baixa associada à tolerância à seca em soja. **Physiology Plantarum,** Oxford, v. 132, p. 446451, 2008.

SPANO, G.; DI FONZO, N.; PERROTTA, C.; PLATANI, C.; RONGA, G. Caracterização fisiológica de mutantes "stay green" em trigo duro. **Journal of Experimental Botany**, Londres, v. 54, p. 1415-1420, 2003.

TOLLENAAR, M.; DAYNARD, T.B. Leaf senescence in short-season maize hybrids. **Canadian Journal of Science,** Ottawa, v. 58, p. 869-875, 1978.

TOLLENAAR, M.; LEE, E.A.Strategies for enhancing grain yield in maize (Estratégias para aumentar o rendimento de grãos em milho). **Plant Breeding Reviews,** Hoboken, v. 34, p. 37-81, 2011.

TURNER, L.B. The effect of water stress on the vegetative growth of white clover (*Trifolium repens* L.), comparative of long-term water deficit and short-term developing water stress.

Journal of Experimental Botany, Oxford, v. 42, p. 311-316, 1991.

TURNER, N.C.; OTOOLE, J.C.; CRUZ, R.T.; YAMBAO, E.B.; AHMAD, S.; NAMUCO, O.S.; DINGKHUM, M. Resposta de sete cultivares de arroz diferentes ao défice hídrico. II. Ajustamento osmótico, elasticidade da folha, expansão da folha, morte da folha, condutância estomática e fotossíntese. **Field Crops Research**, Amsterdam, v. 13, p. 273-286, 1986.

UHART, S. A.; ANDRADE, F. H. Deficiência de nitrogênio em milho. I. Efeitos sobre o crescimento, desenvolvimento, partição de matéria seca e formação do grão. **Crop Science**, Madison, v. 35, p. 13761383, 1995.

WEILAND, P. Digestão de biomassa na agricultura: uma via de sucesso para a produção de energia e tratamento de resíduos na Alemanha. **Engineering Life Science**, Dresden, v. 6, n. 3, p. 302-309, 2006.

WELCKER, C.; BOUSSUGE, B.; BENCIVENNI, C.; RIBAUT, M.; TARDIEU, F. Are source and sink strengths genetically linked in maize plants subjected to water deficit: a QTL study of the responses of leaf growth and of anthesis-silking Interval to water deficit. **Journal of Experimental Botany**, Londres, v. 58, p. 339-349, 2007.

WOLFE, D.W.; HENDERSON, D.W.; HSIAO, T.C.; ALVINO, A. Efeitos interactivos da água e do azoto na senescência do milho. 1. Duração da área foliar, distribuição do azoto e rendimento. **Agronomy Journal**, Madison, v. 80, p. 859-864, 1988.

WU, Y.; HUANG, M.; WARRINGTON, D.N. Crescimento e transpiração de milho e trigo de inverno em resposta a défices hídricos em vasos e parcelas. **Botânica Ambiental e Experimental,** Paris, v. 71, n. 1, p. 65-71, 2011.

XIA, Y. **Respostas fisiológicas relacionadas com a fotossíntese do milho cultivado no campo à densidade de plantas e ao stress de azoto durante as fases vegetativa e reprodutiva.** 2012. 181 p. **Dissertação. (Ph.D. em Agronomia) - Purdue University, West Lafayette, 2012.**

4. RESPOSTA DO MILHO À ÉPOCA DE APLICAÇÃO DE AZOTO E CORRELAÇÃO ENTRE VARIÁVEIS FOLIARES E RENDIMENTO DE GRÃOS E COMPONENTES

Resumo

O conhecimento sobre a influência efetiva dos fatores que determinam o desempenho da planta pode contribuir decisivamente para minimizar o estresse causado pela deficiência de nitrogênio. Assim, é de extrema importância a obtenção de mais revisões relacionadas à correlação entre o teor real de clorofila e carotenóides reais com os valores obtidos pelo clorofilômetro (SPAD) nos estádios iniciais de desenvolvimento do milho. Também é importante o desenvolvimento de pesquisas em relação à resposta da cultura do milho à adubação nitrogenada em diferentes estádios de desenvolvimento. O objetivo primário deste estudo foi investigar as respostas do milho à aplicação de nitrogênio, fertilizante uréia (^{15} N), em cobertura, em diferentes estádios de desenvolvimento. O objetivo secundário foi verificar a correlação entre clorofilas e carotenóides com o índice SPAD e destes com a biomassa total (BM), índice de colheita (HI), rendimento de grãos (GY) e teor de N nos grãos em resposta à aplicação lateral de azoto em diferentes estádios de desenvolvimento. O híbrido utilizado neste estudo foi o 30F35HR. A adubação nitrogenada foi realizada em parcelas, com a aplicação de 30 kg ha^{-1} de N no plantio e 140 kg ha^{-1} de N em cobertura nos estádios vegetativos V4, V6, V8, V10 e V12, sem incorporação ao solo, e também foi utilizado o tratamento controle que consistiu na aplicação em cobertura sem nitrogênio. A safra 2011/2012 apresentou maior precipitação que a 2012/2013. A cultura do milho respondeu de forma semelhante para o GY à aplicação de nitrogênio em cobertura em ambas as épocas, porém a aplicação de nitrogênio nos estádios iniciais provocou maiores valores para as variáveis foliares, pigmentos foliares e SPAD. Observou-se maior quantidade de nitrogênio em todas as partes das plantas na safra 2011/2012 do que na 2012/2013, influenciada pelas condições climáticas adequadas no momento da aplicação do nitrogênio. O teor de N nos grãos do fertilizante^{15} N e a absorção e eficiência do N foram maiores para aplicações precoces de N. Os valores de SPAD correlacionaram-se positivamente com a maioria das variáveis pigmentares em V16 em ambas as épocas, comprovando assim que o SPAD foi um instrumento eficiente de avaliação indireta de clorofilas e carotenoides em folhas de milho em estádios iniciais. A clorofila b em V16 foi positivamente correlacionada (P<0,05) com o teor de N nos grãos, GY e BM, e a clorofila total em V16 foi positivamente correlacionada com GY e teor de N nos grãos. No entanto, as clorofilas a e total, avaliadas em V14, foram negativamente correlacionadas com GY. Assim, a medição dos teores reais de clorofila e de pigmentos carotenóides deve ser feita após o estádio V14, quando os estudos visam avaliar as condições nutricionais das culturas e prescrever futuras práticas de produção de grãos.

Palavras-chave: Clorofilas; Carotenóides; SPAD; Estádios iniciais de crescimento

4.1 Introdução

A nutrição mineral adequada está entre os factores que mais influenciam o aumento da produtividade das culturas, sendo o azoto (N) o nutriente necessário mais essencial, especialmente para o milho, que é uma das culturas que responde a elevados aumentos de produtividade em resposta à fertilização com N. A indisponibilidade de N no solo causa diversos problemas às culturas, tais como: redução da área foliar, diminuição da fotossíntese, atrasos no desenvolvimento e redução da produtividade. Por outro lado, a aplicação excessiva de N no solo implica em aumento dos custos de produção e pode causar problemas ambientais como a contaminação da água, contribuindo para o aumento do aquecimento global devido à formação de óxido nitroso.

As necessidades de nitrogênio do milho variam consideravelmente nos diferentes estádios de desenvolvimento da planta (ARNON, 1975). Embora se saiba que essa cultura necessite de cerca de 20 kg ha^{-1} de N para cada tonelada de grãos produzidos (FANCELLI, 2000; SOUSA; LOBATO, 2004) ainda existe certa controvérsia sobre a época ideal de aplicação de nitrogênio para essa cultura. Alguns autores afirmam que a época ideal é fazer a aplicação na semeadura ou próximo a esta época, mas outros relatam que o ideal é aplicar nos estádios mais avançados, evitando assim perdas por lixiviação e volatilização e aumentando a eficiência de absorção e o aproveitamento do fertilizante nitrogenado (COELHO, 1987; NEPTUNE; CAMPANELLI, 1980; CANTARELLA, 1993; SÁ, 1996; DA ROS et al, 1999; PAULETTI; COSTA, 2000; CERETTA et al., 2000; BASSO; CERETTA, 2000).

Têm sido feitos grandes progressos para melhorar a eficiência da utilização do azoto (NUE), que é definida como a relação entre a unidade de produção de matéria seca e a unidade de N aplicado. As formas de avaliar o estado nutricional das plantas estão entre os factores de avaliação da resposta das plantas às práticas de gestão. A utilização de medições indirectas para determinar o estado nutricional das plantas tem sido objeto de investigação para muitas culturas. Trabalhos de pesquisa têm demonstrado que, para algumas culturas, a concentração de clorofila ou o esverdeamento das folhas está positivamente correlacionado com as concentrações de N foliar, pois 70% do N contido nas folhas está nos cloroplastos, participando da síntese e da estrutura das moléculas de clorofila (MARENCO; LOPES, 2005). Por essa razão, o teor de clorofila no estádio vegetativo tardio tem sido relacionado com o estado nutricional de N de várias culturas (ARGENTA et al., 2001).

Os métodos tradicionais utilizados para determinar a quantidade de clorofila na folha requerem a destruição de amostras de tecido e muito trabalho nos processos de extração e quantificação. O desenvolvimento do medidor portátil de clorofila (SPAD), que permite medições instantâneas da quantidade correspondente ao seu conteúdo na folha sem destruí-la, é uma alternativa para estimar o conteúdo relativo desses pigmentos na folha (DWYER; TOLLENAAR; HOUWING, 1991;

ARGENTA et al., 2001). Há uma forte relação positiva entre os valores de SPAD com a concentração de N nas folhas das plantas, sendo mais evidente nos estágios mais tardios de crescimento (ARGENTA et al., 2001) e há alta correlação com o teor de clorofila (DWYER; TOLLENAAR; HOUWING, 1991; CIAMPITTI et al., 2012).

O conhecimento sobre a influência efetiva dos fatores que determinam o desempenho da planta pode contribuir decisivamente para minimizar o estresse causado pela deficiência de nitrogênio. Assim, é de extrema importância a obtenção de mais revisões relacionadas à correlação entre o teor real de clorofila e carotenóides reais com os valores obtidos pelo clorofilômetro (SPAD) nos estádios iniciais de desenvolvimento do milho. É igualmente importante o desenvolvimento de investigação em relação à resposta da cultura do milho à fertilização azotada em diferentes estádios de desenvolvimento. Através dessas avaliações é possível ter um maior conhecimento sobre a relação da planta com o ambiente em que é cultivada, podendo ter aumentos no rendimento de grãos.

O objetivo primário deste estudo foi investigar as respostas do milho devido à aplicação de fertilizante azotado [ureia (^{15}N)] em diferentes estádios de desenvolvimento. O objetivo secundário foi verificar a correlação entre as clorofilas e carotenóides com o índice SPAD e destes com, biomassa total, índice de colheita (Hi), rendimento de grãos (GY) e teor de N nos grãos em resposta à adubação nitrogenada em diferentes estádios de desenvolvimento.

4.2 . Materiais e métodos

O estudo foi realizado na Fazenda Tanquinho, e no *Centro de Energia Nuclear na Agricultura*, da Universidade de São Paulo (CENA/USP), em Piracicaba, SP. O experimento foi conduzido em condições de campo durante as safras de 2011/2012 e 2012/2013, sendo instalado em dezembro de 2011 e finalizado em março de 2012 e repetido de dezembro de 2012 a março de 2013. O delineamento experimental foi de blocos ao acaso com quatro repetições, manejado em sistema convencional de plantio direto, tendo o milho como cultura antecessora. O híbrido utilizado neste estudo foi o 30F35HR (PiONEER, 2014).

Antes da implantação do experimento, foi realizada a caraterização química e física do solo do campo na camada de 0-20 cm. A adubação nitrogenada (N) foi realizada nas parcelas com ureia, como fonte, correspondendo a 30 kg N ha^{-1} no plantio e 140 kg N ha^{-1} como adubação de cobertura, sem incorporação. Essas doses de N são recomendadas visando um alto rendimento de grãos (10-12 t ha^{-1}) como em áreas com alta resposta à aplicação de N (CANTARELLA; RAiJ; CAMARGO, 1997). Os tratamentos consistiram em cinco épocas de aplicação do fertilizante ureia como adubação de cobertura, correspondendo aos estádios vegetativos V4, V6, V8, V10 e V12, conforme descrito por Ritchie, Hanway e Benson (2003). Foi também utilizado um tratamento de controlo constituído por uma adubação de cobertura sem azoto.

As parcelas tinham 10 linhas de milho com 10 m de comprimento, espaçadas de 0,5 m, totalizando assim uma área de 50 m^2 , correspondendo a uma população de 60.000 plantas por ha. Em cada uma das parcelas, foram delimitadas mini parcelas (0,5 m de largura e 1,5 m de comprimento) para[15] aplicação de N-ureia, na mesma dose e época da aplicação da ureia comercial no restante da parcela,

.

Antes do plantio, em ambas as épocas, foi realizado o controle de ervas daninhas com o herbicida glifosato. Em seguida, foi realizada a semeadura mecânica com densidade aproximada de 3,3 sementes por metro (já contabilizados 10% a mais devido a perdas), a fim de se obter um estande final de 60.000 plantas por hectare. Juntamente com a semeadura, foi realizada a adubação de plantio com a aplicação da dose plena de P e K, recomendada por Cantarella, Raij e Camargo (1997), considerando os valores medidos pela análise química do solo e esperando uma alta produtividade.

No final do ciclo da cultura, foram determinados o rendimento de grãos (GY) e a biomassa vegetal (BM). O GY foi determinado através da pesagem dos grãos colhidos com correção da humidade para 13%. A BM foi determinada com base no peso húmido dos resíduos, seguido da correção da humidade previamente determinada.

O material vegetal do rebento foi separado em caule, folhas + borbulha + cascas de espiga, espigas e grão. Todo o material foi seco a 60 °C com ar forçado até atingir um peso constante. Em seguida, o material vegetal seco foi triturado num moinho Wiley, homogeneizado e subamostrado. Em todas as subamostras, o teor de azoto (g kg^{-1}) foi determinado por digestão Kjeldahl - destilação e a determinação do teor de enxofre pela metodologia de digestão nítrico-perclórica seguida da determinação da turbidez.

As plantas das mini parcelas foram coletadas e separadas em grãos, espigas, colmos e folhas, secas em estufa e finalmente moídas para posterior determinação (em grãos) do teor de N total e[15] abundância de N em espectrômetro de massa (BARRIE; PROSSER, 1996), somente na safra 2012/2013. Com base nestes valores foram calculados o teor de azoto em grão derivado do fertilizante (GNCF), bem como a utilização e eficiência do fertilizante azotado (NFUE), de acordo com Gava et al. (2006).

4.2.1 Descrições das Variáveis Analisadas

4.2.1.1 Medidas não destrutivas:

O índice de teor de clorofila indireto ou SPAD (Soil Plant Analysis Development), foi obtido utilizando-se o medidor de clorofila SPAD-502 (Minolta, Japão) (MINOLTA, 1989; PESTANA et al., 2001; MARKWELL; OSTERMAN; MITCHELL, 1995) em duas folhas superiores por planta, completamente desenvolvidas, antes de entrarem em senescência e serem fotossinteticamente ativas. Foram realizadas seis amostras por folha em 4 plantas por tratamento, realizadas nos estádios V14 a V16.

Altura da planta, avaliada em 4 plantas por tratamento no período de floração (VT), variável obtida com uma fita métrica (em centímetros) colocada da superfície do solo até a inserção mais alta das últimas folhas superiores.

4.2.1.2 Medidas destrutivas:

Teor de pigmentos nas folhas, avaliados em laboratório. As mesmas folhas da avaliação SPAD foram coletadas e levadas ao laboratório para a análise de clorofila a, b, e total e carotenóides. Seguindo a metodologia adaptada de Moran e Porath (1980), foram avaliadas duas folhas por planta, de um total de 4 plantas por tratamento, nos estádios V14 e V16.

4.2.2 Análise estatística

Os dados foram testados quanto à normalidade dos erros, bem como quanto à homogeneidade das variâncias, e depois submetidos à análise de variância a 5% de significância. Havendo efeitos significativos dos tratamentos pelo teste F, as comparações foram realizadas pelo teste t, também ao nível de 5% de significância. Também foi realizado o teste de correlação de Pearson entre as variáveis, a fim de verificar a existência de correlações positivas.

Tabela 4.1 - Análise de solo nas duas épocas de cultivo do milho, 2011/2012 e 2012/2013, (azoto inorgânico [NO3- - N/NH $_{4+}$-N], pH do solo, teor de potássio [K], e fósforo Bray-P 1 [P]) nos pontos 0 - 20 e 20 - 40 do perfil do solo

Perfil	pH	P	K	Ca	Mg	H+Al	Al	T	V	OM[1]	Silte	Argila
cm	(CaCl2)	mg dm^{-3}	------------ mmolc dm $^{-3}$ --------------						%	-----	-- g kg ^{1} --------	
2011/12												
0-20	4.9	27	1.9	30	13	42	1	87	52	29	151	529
20-40	4.5	32	0.6	19	8	58	5	86	32	22	102	548
2012/13												

1.3 Resultados e discussão

1.3.1 Época de crescimento e fenologia

As condições meteorológicas durante as duas épocas de cultivo podem ser observadas na Figura 1.2. A época 2011/2012 apresentou maior precipitação que a 2012/2013, porém na 2012/2013 houve precipitação regular durante as fases de aplicação de N (Figura 4.1).

1.3.2 Absorção e partição de azoto, e absorção de enxofre

Na safra 2011/2012 (Tabela 4.2), os tratamentos foram significativos para a maioria das variáveis, mas não para o teor de N em espiga. Para o teor de N nas folhas, só houve diferença entre a testemunha e todas as aplicações de N, em todos os estádios de desenvolvimento. Mas para o teor de N do caule, apenas as aplicações de N em V4 e V6 foram diferentes do controlo (V4 = V6 >

controlo). O teor de N nos grãos e a absorção total de N pelas plantas foram maiores em V6 e V10 do que no controlo. No entanto, a aplicação de N em V8 resultou em valores semelhantes em relação ao controlo para ambas as variáveis. No entanto, a absorção de enxofre total pela planta foi semelhante em todos os tratamentos com aplicação de nitrogênio. Observou-se uma maior quantidade de nitrogênio em todas as partes das plantas na safra 2011/2012 em relação à 2012/2013 (Tabela 4.3). Isso foi mais consistente para a absorção total de N pelas plantas que apresentou valor médio de 50 kg ha^{-1} de N a mais do que na segunda época (2012/2013).

O milho respondeu diferencialmente entre as épocas, isso pode ter ocorrido porque após os estádios que apresentaram melhores médias variáveis, observou-se um período de precipitação bem distribuído (muito próximo à aplicação de nitrogênio em cobertura), enquanto em outros estádios houve falta ou pequena quantidade de precipitação que poderia ter influenciado a absorção e partição do N, através de perdas por volatilização ou percolação no solo, dificultando a hidrólise da uréia e sua absorção. Para aplicação de ureia em condições de solo seco, 70% do nitrogênio aplicado permanece no solo na forma hidrolisada (SHERLOCK; SMITH, 1987).

O teor de N do fertilizante no grão (GNCF) e a eficiência de uso do fertilizante nitrogenado (NFUE), calculados a partir dos dados de^{15} N, foram maiores nas aplicações precoces (V4 = V6 > V8, V10 e V12) p<0,0001. Essas variáveis apresentaram valores menores com as aplicações mais tardias de N, sendo a aplicação V12 a de menor valor para GNCF, apresentando uma média de 20, respetivamente, tanto para GNCF (kg ha^{-1}) quanto para NFUE (%), menor que a aplicação de N no estádio V4. Isso pode ter ocorrido porque as plantas tiveram um período maior para realizar o processo de absorção de N do solo, porém as condições climáticas tiveram maior influência sobre isso. Coelho (1987) relata que a aplicação integral das doses de N no plantio proporciona maior ganho de biomassa do milho por kg de N do que os ganhos com a aplicação lateral de N.

Tabela 4.2 - Partição de nitrogênio (kg ha^{-1} peso seco) nos componentes folha, caule, sabugo, grãos e planta total; e absorção total de enxofre pela planta (kg ha^{-1} peso seco) na maturidade fisiológica, em resposta à aplicação de nitrogênio em cobertura nos estádios V4, V6, V8, V10 e V12 na safra 2011/2012

Tratar	N das folhas (kg ha)$^{-1}$	Caule N (kg ha)$^{-1}$	Cob N (kg ha)$^{-1}$	N em grão (kg ha)$^{-1}$	Total N (kg ha)$^{-1}$	Total S (kg ha)$^{-1}$
Controlo	40.9 b	15.2 b	8.4	85.7 a.C.	150.2 c	8.9 c
V4	50.0 a	24.0 a	10.5	115,7 ab	200,3 ab	12,9 ab
V6	55.5 a	25.9 a	11.6	125.6 a	218.6 a	13.2 ab
V8	55.2 a	23,8 ab	8.7	78.9 c	166 .0 bc	11.3 b
V10	53.5 a	21.2 ab	10.9	131.7 a	217.4 a	13.5 a
V12	49.9 a	18.0 ab	11.7	110,5 abc	190.1 abc	12.3 ab
ANOVA						
Trat	*	*	ns	*	*	**
CV%	11.4	27.3	29.4	21.8	15.4	12.9

ns = não significativo; *=P<0,05; **=P<0,01; ***=P<0,0001

Tabela 4.3 - Partição de nitrogênio (kg ha-1 de peso seco) nos componentes folha, caule, sabugo, grão e planta total; absorção total de enxofre pela planta (kg ha-1 de peso seco); teor de nitrogênio do fertilizante no grão (GNCF) e eficiência de uso do fertilizante nitrogenado (NFUE) na maturidade fisiológica, em resposta à aplicação de nitrogênio em cobertura nos estádios V4, V6, V8, V10 e V12 na safra 2012/2013

Tratar.	N das folhas (kg ha)$^{-1}$	Caule N (kg ha)$^{-1}$	Cob N (kg ha)$^{-1}$	Grão N (kg ha)$^{-1}$	Total N (kg ha)$^{-1}$	Total S (kg ha)$^{-1}$	GNCF (kg ha)$^{-1}$	NFUE %
Controlo	35.3	10.6 c	6.6	129.6	182.1	13.6 c	-	-
V4	45.5	15.1 ab	6.8	127.6	195.0	14.7 a.C.	46.1 a	48.9 a
V6	43.4	16.3 a	7.6	130.7	198.1	16.4 ab	49.7 a	51.8 a
V8	39.0	15.2 ab	8.3	121.9	184.4	15,5 abc	31.9 b	31.2 b
V10	39.3	15.8 ab	9.0	135.6	199.7	17.7 a	27.0 bc	26.7 a.C.
V12	41.8	13.4 a.C.	8.8	145.7	209.8	17.4 a	17.7 c	17.8 c
ANOVA								
Trat	ns	**	ns	ns	ns	*	***	***
CV%	13.7	12.8	15.5	7.7	7.8	11.3	20.56	19.9

ns = não significativo; *=P<0,05; **=P<0,01; ***=P<0,0001

1.3.3 Rendimento de grãos, biomassa e índice de colheita

Em 2011/2012, a biomassa total da planta não foi influenciada pelos tratamentos (Tabela 4.4), apenas o peso da espiga teve diferenças significativas (p<0,05). Portanto em 2012/2013 (Tabela 4.5) só houve diferença para o IH, foi a aplicação V12, que foi melhor que a maioria, mas não foi melhor que a V8. França et al. (1994) relataram que o parcelamento do N não afeta a eficiência da adubação nitrogenada nem o aproveitamento do N do solo e os resultados obtidos foram semelhantes quando aplicaram até 106 kg de N por ha, em dose única, no estádio em que a planta apresentava 6 folhas ou subdividida duas vezes, sendo metade no estádio de 6 folhas e a outra metade no estádio em que a planta apresentava 10 folhas. Esses autores também observaram que a maior parte do N na planta foi acumulada até a floração, chegando a valores de até 93%. Concluíram que a adubação nitrogenada deve ser feita após a semeadura até o início do florescimento, período em que a taxa de absorção é praticamente linear. A eficiência da aplicação de N antes do plantio do milho foi estudada por vários autores (SA, 1996; PAULETTI; COSTA, 2000; CERETTA et al., 2000). Todos eles encontraram pouca diferença entre a época de aplicação de N, mas Ceretta et al. (2000) alertaram que a aplicação antecipada pode comprometer a produtividade em anos de alta pluviosidade, na fase inicial de desenvolvimento da cultura.

No entanto, Jokela e Randall (1989) concluíram que a resposta do milho ao N foi menor quando este foi aplicado no estádio V2 do que no estádio V8. O milho começa a absorver N rapidamente a meio do período de crescimento vegetativo (V10) e a taxa máxima de absorção de N ocorre perto da silagem (HANWAY, 1963; SETTIMI; MARANVILLE., 1998). Assim, a aplicação de N no estádio V8 - V10 deve ser uma das melhores formas de fornecer N para satisfazer esta elevada procura.

Tabela 4.4 - Fitomassa (t ha^{-1}) de massa seca de folha, caule, sabugo, grãos e componentes totais da planta; produtividade de grãos (GY); e índice de colheita de grãos (HI) na maturidade fisiológica, em resposta à aplicação de nitrogênio em cobertura nos estádios V4, V6, V8, V10 e V12 na safra 2011/2012

Tratar.	Folhas Peso (t ha)$^{-1}$	Caule Peso (t ha)$^{-1}$	Cob Peso (t ha)$^{-1}$	Total Peso (t ha)$^{-1}$	GY (t ha)$^{-1}$	HI %
Controlo	4.6	3.1	1.2 c	16.7	6.7	43.1
V4	5.3	4.1	1.5 ab	19.2	8.2	42.9
V6	5.3	4.2	1.6 ab	18.7	7.6	40.5
V8	4.8	3.6	1.3 a.C.	15.4	5.6	36.2
V10	5.1	3.8	1.6 a	20.0	9.4	47
V12	5.2	3.7	1.5 ab	18.9	8.4	44.1
ANOVA						
Trat	ns	ns	*	ns	ns	ns
CV%	9.5	17.7	12.6	16	15.5	11.6

ns = não significativo; *=P<0,05; **=P<0,01; ***=P<0,0001

Tabela 4.5 - Fitomassa (t ha^{-1}) de massa seca de folha, caule, sabugo, grãos e componentes totais da planta; produtividade de grãos (GY); e índice de colheita de grãos (HI) na maturidade fisiológica, em resposta à aplicação de nitrogênio em cobertura nos estádios V4, V6, V8, V10 e V12 na safra 2012/2013

Tratar.	Folhas Peso (t ha)$^{-1}$	Caule Peso (t ha)$^{-1}$	Cob Peso (t ha)$^{-1}$	Total Peso (t ha)$^{-1}$	GY (t ha)$^{-1}$	HI %
Controlo	4.6	3.2	1.5	19.9	11.1	53.1 b
V4	4.7	3.6	1.6	20.9	11.1	52,5 a.C.
V6	4.8	3.8	1.6	21.2	10.9	51.5 c
V8	4.4	3.2	1.6	20.0	10.1	53,9 ab
V10	4.6	3.4	1.6	20.9	10.6	53.4 b
V12	4.6	3.1	1.5	20.8	11.1	55.1 a
ANOVA						
Trat	ns	ns	ns	ns	ns	**
CV%	8.2	10.7	7.2	6.9	5.8	2

ns = não significativo; *=P<0,05; **=P<0,01; ***=P<0,0001.

1.3.4 Teor de pigmentos foliares, SPAD e altura da planta

A aplicação precoce de N desencadeou o maior valor para a maioria das variáveis em ambas as épocas. Em 2011/2012 (Tabela 4.6), foram observados valores menores do que em 2012/2013 (Tabela 4.7) para todas as variáveis. As diferenças foram mais expressivas para o estádio V14 do que para o V16 na maioria das variáveis. No entanto, o SPAD teve diferenças significativas para esses dois estádios em ambas as épocas, sendo maior de V4 a V10 do que no estádioV14 e tendo apenas diferença entre os tratamentos adubados com N com o controle para V16 em 2011/2012. Porém em 2012/2013 as diferenças para o SPAD foram maiores que na primeira época. No estádio amostral V14, V6 foi maior que V8, V10, V12 e controle. Resultados semelhantes foram encontrados para V16, porém V6 apresentou valores maiores para SPAD apenas em relação a V4, V12 e controle. A planta alta em 2011/2012 apenas foi diferente do controlo, e em 2012/2013 apenas V4 apresentou diferenças em relação ao controlo (V4 > Controlo). A clorofila a, b e total também foram menores no tratamento sem adubação do que nos tratamentos com N. Segundo Campostrini (1998) e Fancelli e DouradoNeto (2004), a clorofila a é o pigmento primário composto por um íon magnésio no anel centralizado porfirina. Este anel contém quatro átomos de azoto. A molécula possui uma cadeia de hidrocarbonetos (hidrofóbica), que tem o máximo de absorção de fótons na região azul correspondente aos comprimentos de onda de 428 a 660 nm. A clorofila b é uma estrutura acessória semelhante ao pigmento clorofila, e na maioria das plantas, a relação clorofila a/b é de cerca de 3 para 1,14. A clorofila b tem absorção máxima na região do vermelho, entre 452 e 641,8 nm.

1.3.5 Correlações entre pessoas

O SPAD, avaliado em V16, teve uma correlação positiva significativa com todos os pigmentos em ambos os estádios avaliados em 2011/2012 (Tabela 4.8), esta variável correlacionou-se positiva e significativamente (ambos os estádios, V14 e V16) com a quantidade medida de clorofila total total, avaliada em condições laboratoriais. A correlação mais forte do SPAD V16 relacionada com os pigmentos foi com a clorofila a no estádio V14 (0,61, p<0,05). Da mesma forma o SPAD no estádio amostral V14 também apresentou forte correlação com outros pigmentos, porém esta variável só teve correlação com as variáveis avaliadas no mesmo estádio. A correlação mais forte do SPAD, avaliado na V14, com os pigmentos foi com a clorofila total (0,80, p<0,0001). No entanto, em 2012/2013 (Tabela 4.9) houve correlações significativas para SPAD com pigmentos apenas entre SPAD/V14 com clorofila a e total (0,40, p<0,05, para ambas) no mesmo estádio.

Mesmo com uma menor correlação entre o SPAD e os pigmentos na segunda época, podemos considerar a eficiência do dispositivo de medição SPAD para avaliar a quantidade real destes pigmentos. Estes resultados estão de acordo com outros estudos. De acordo com Piekielek et al. (1995) e Dwyer et al., 1991, o teor indireto de clorofila na folha pode ser usado para prever o nível nutricional de N nas plantas, porque a correlação com a quantidade de pigmento foi positiva em relação à concentração de N. Existe uma forte relação positiva entre o SPAD e a concentração de N nas folhas das plantas, embora isso seja mais evidente nos estágios mais avançados de crescimento (ARGENTA et al., 2001), e há uma alta correlação do SPAD com o teor de clorofila (DWYER et al., 1991; CIAMPITTI et al., 2012). Uma correlação positiva significativa entre SPAD/V16 e teor de N dos grãos foi encontrada na primeira safra, mas não houve correlação significativa entre SPAD com ganho de produtividade, índice de colheita e teor de N dos grãos na segunda safra (2012/2013). A clorofila b em V16 apresentou correlação positiva significativa com o teor de N dos grãos (0,61, p<0,05), GY (0,55, p<0,01) e biomassa total (0,53, p<0,05), também a clorofila total em V16 apresentou correlação positiva com GY (0.50, p<0,05) e teor de N dos grãos (0,48, p<0,05), porém as clorofilas a e total avaliadas no V14 apresentaram correlação significativa negativa com o GY. Assim, a mensuração dos teores de pigmentos visando estudar as condições nutricionais da cultura e predizer a produção de grãos deve ser realizada após o estádio V14. Existe uma forte relação positiva entre os valores de SPAD com a concentração de N na folha da planta, sendo mais evidente nos estádios mais avançados de crescimento (ARGENTA et al., 2001).

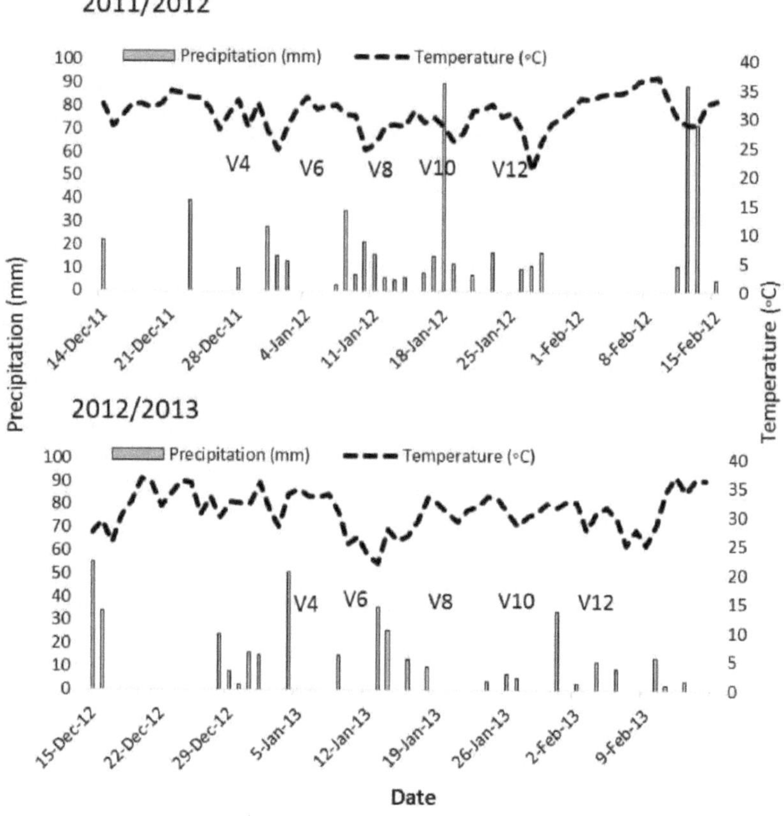

Figura 4.1 - Dias dos estádios de desenvolvimento (momento da aplicação de nitrogênio em cobertura) e condições climáticas (temperatura máxima do ar e precipitação média) para as safras 2011/2012 e 2012/2013 do milho na Fazenda *Tanquinho*, Piracicaba, São Paulo, Brasil

1.4 Conclusões

Houve uma resposta semelhante aos tratamentos para o rendimento de grãos, índice de colheita e biomassa total das plantas em ambas as épocas. Observou-se uma maior quantidade de nitrogênio em todas as partes das plantas na safra 2011/2012 em relação à 2012/2013, influenciada pelas condições climáticas no momento da aplicação do nitrogênio.

O teor de N nos grãos do fertilizante[15] N (GNCF) e a eficiência de uso do fertilizante nitrogenado

(NFUE) foram maiores nas primeiras aplicações, nos estádios V4 e V6.

O SPAD e os pigmentos foliares foram bastante influenciados pelo estádio de avaliação. As avaliações realizadas em V14 apresentaram mais diferenças entre os tratamentos do que em V16, sendo que a aplicação de N nos estágios iniciais ocasionou maiores valores para a maioria das variáveis foliares (pigmentos e SPAD).

O SPAD correlacionou-se positiva e significativamente com a maioria das variáveis pigmentares em V16, para ambas as épocas, principalmente na primeira época em que esta variável se correlacionou com todas as clorofilas e carotenóides, parecendo ser um instrumento eficiente para a avaliação indireta de clorofilas e carotenóides em folhas de milho em estádios iniciais de crescimento. Também o SPAD no estádio de amostragem V16 teve uma correlação positiva com o teor de azoto no grão e com a biomassa total da planta.

A clorofila b em V16 (2012/2013) apresentou correlação significativa e positiva com o teor de N dos grãos, rendimento de grãos e biomassa total. A clorofila total em V16 também apresentou correlação positiva com o rendimento de grãos e teor de N dos grãos, porém as clorofilas a e total, avaliadas em V14, apresentaram correlação negativa significativa com o rendimento de grãos. Assim, a medição dos teores reais de pigmentos com o objetivo de estudar as condições nutricionais da cultura e prever a produção de grãos deve ser feita após o estádio V14.

Tabela 4.6 - Teores de pigmentos foliares (mg g$^{^1}$ massa fresca da folha): clorofila a (CA), clorofila b (CB), clorofila total (CT), carotenoides (Carot), SPAD, avaliados nos estádios V14 e V16; e altura da planta (AP) no VT em resposta à aplicação de nitrogênio em cobertura nos estádios V4, V6, V8, VlO e V12, na safra 2011/2012

Tratar.	CA V14 (mg g)^4	CA V16 (mg g$^{'1}$)	CB V14 (mg g$^{'1}$)	CB V16 (mg g$^{'1}$)	CT V14 (mg g$^{'1}$)	CT V16 (mg g$^{'1}$)	Carot V14 (mg g$^{'1}$)	Carot V16 (mg g$^{'1}$)	SPAD V14	SPAD V16	PH (cm)
Controlo	0.770 c	0.77	0.25 c	0.24	1.02 c	1.01	0.16c	0.17b	41.1 c	38.0 b	259.1 b
V4	1.130a	0.88	0.46 a	0.32	1.59 a	1.20	0.23 a	0,21 ab	55.2 a	51.5 a	290.2 a
V6	1.050 ab	0.9	0,37 ab	0.30	1,42 ab	1.19	0,22 ab	0,19 ab	51.0a	51.2a	283.2 a
V8	1.04 ab	0.92	0,39 ab	0.31	1,43 ab	1.23	0,22 ab	0.22 a	52.1 a	50.1 a	282.0 a
VlO	0,947 abc	0.9	0,31 be	0.28	1.26 ser	1.19	0,20 abc	0,21 ab	50.2 ab	50.0 a	287.3 a
V12	0,880 ser	0.83	0,29 be	0.26	1.17bc	1.09	0,19 bc	0,20 ab	45.0 bc	48.5 a	281.0 a
ANOVA											
Trat	*	ns	**	ns	*	ns	*	*	**	**	*
CV%	13.9	17.9	20.2	19.6	15.1	18.1	13.2	15.6	7.7	6.7	4.1

ns = não significativo; *=P<0,05; **=P<0,01; ***=P<0,0001

Tabela 4.7 - Teores de pigmentos foliares: clorofila a (CA), clorofila b (CB), clorofila total (CT), carotenoides (Carot), SPAD, avaliados nos estádios V14 e V16; e altura de planta (AP) no VT em resposta à aplicação de nitrogênio em cobertura nos estádios V4, V6, V8, V10 e V12, na safra 2012/2013

Tratar.	CA V14 (mg g^{-1})	CA V16 (mg g^{-1})	CB V14 (mg g^{-1})	CB V16 (mg g^{-1})	CT V14 (mg g^{-1})	CT V16 (mg g^{-1})	Carot V14 (mg g^{-1})	Carot V16 (mg g^{-1})	SPAD V14	SPAD V16	PH (cm)
Controlo	1.26 c	1.18	0.40 b	0.35	1.66 b	1.53	0.29	0.21	50.6 e	45.9 c	226.2 b
V4	1,44 ab	0.98	0.61 a	0.38	2.04 a	1.30	0.32	0.12	58,3 ab	51,8 a.C.	242.5 a
V6	1,43 ab	1.19	0,52 ab	0.39	1.95 a	1.58	0.32	0.23	58.8 a	61.5 a	236,9 ab
V8	1.53 a	0.98	0,51 ab	0.28	2.04 a	1.26	0.31	0.12	56.3 a.C.	55,5 ab	237,5 ab
VlO	1,43 ab	1.11	0,52 ab	0.31	1.94 a	1.42	0.35	0.14	56.0 c	54,8 ab	231,9 ab
V12	1.36 a.C.	1.22	0,55 ab	0.36	1.91 a	1.58	0.31	0.23	53.0 d	53.8 b	236,2 ab
ANOVA											
Trat	**	ns	*	ns	*	ns	ns	ns	***	**	ns
CV%	5	27.8	23.4	30.4	8.5	26.3	15.4	63.7	2.64	9.22	3.7

ns = não significativo; *=P<0,05; **=P<0,01; ***=P<0,0001

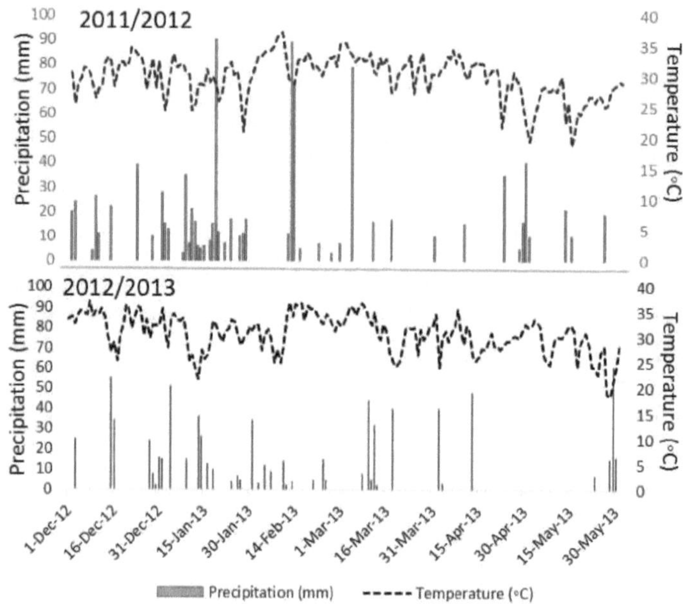

Figura 4.2 - Condições meteorológicas (temperatura máxima do ar e precipitação média) para as estações de cultivo de milho 2011/2012 e 2012/2013 na fazenda *Tanquinho*, Piracicaba, São Paulo, Brasil

Tabela 4.8 - Análise de correlação de Pearson para os teores de pigmentos foliares: clorofila a (CA), clorofila b (CB), clorofila total (CT), carotenoides (Carot), SPAD, avaliados nos estádios V14 e V16; biomassa total da planta (BM), índice de colheita de grãos (HI), produtividade de grãos (GY) e teor de nitrogênio nos grãos (GNC) em resposta à aplicação de nitrogênio em cobertura nos estádios V4, V6, V8, VlO e V12, na safra 2011/2012

	GNC	GY	HI	BM	SPAD16	SPAD14	Carotl6	Carotl4	CT16	CT14	CB16	CB14	CA16	CA14
CA14	0.06	0.2	-0.30	0.44	0.61**	0.76***	0.14	O 95***	0.20	O 99***	0.32	O 92***	0.14	1.00
CA16	0.13	0.17	-0.20	0.11	0.42*	0.23	0.08	0.07	O 99***	0.12	O 95***	0.08	1.00	
CB14	0.02	0.12	-0.22	0.05	0.52**	Q 72***	Q 9Q***	O 90***	0.12	O 97***	0.27	1.00		
CB16	0.1	0.14	-0.19	0.07	0.50*	0.40	0.24	0.12	O 97***	0.31	1.00			
CT14	0.05	0.15	-0.25	0.05	0.59**	0.80***	0.12	O 95***	0.20	1.00				
CT16	0.12	0.12	0.15	0.10	0.44*	0.23	0.84***	0.13	1.00					
Carotl4	0.01	0.20	-0.30	0.04	0.60**	Q 7Q*⅛*	0.13	1.00						
Carotl6	0.01	0.05	-0.55	0.14	0.50**	0.4	1.00							
SPAD14	0.33	0.34	-0.05	0.34	Q 75***	1.00								
SPAD16	0.50*	0.30	-0	0.45*	1.00									
BM	Q 22***	Q 7Q*⅛*	0.68	1.00										
HI	0.80***	0.50*	1.00											
GY	0.60**	1.00												
GNC	1.00													

*=P<0,05; **=P<0,01; ***=P<0,0001

Tabela 4.9 - Análise de correlação de Pearson para os teores de pigmentos foliares: clorofila a (CA), clorofila b (CB), clorofila total (CT), carotenoides (Carot), SPAD, avaliados nos estádios V14 e V16; biomassa total da planta (BM), índice de colheita de grãos (HI), produtividade de grãos (GY) e teor de nitrogênio nos grãos (GNC) em resposta à aplicação de nitrogênio em cobertura nos estádios V4, V6, V8, V10 e V12, na safra 2012/2013

	GNC	GY	HI	BM	SPAD16	SPAD14	Carot16	Carot14	CT16	CT14	CB16	CB14	CA16	CA14
CA14	-0.35	-0.61*	-0.35	-0.22	0.23	0.40*	-0.13	0.29	-0.18	0.83***	-0.22	0.41*	-0.14	1.00
CA16	0.40	0.38	0.22	0.24	0.12	-0.10	0.85***	-0.004	0.97***	0.23	0.59***	-0.25	1.00	
CB14	0.06	-0.22	-0.16	0.13	0.05	0.3	-0.12	0.34	-0.12	0.84***	-0.11	1.00		
CB16	0.61*	0.55**	-0.01	0.53*	0.31	0.12	0.075***	0.21	0.75***	-0.23	1.00			
CT14	-0.16	-0.50*	-0.30	-0.04	0.16	0.40*	-0.15	0.34	-0.24	1.00				
CT16	0.48*	0.50*	0.18	0.34	0.20	-0.05	0.90***	0.05	1.00					
Carot14	0.31	-0.14	-0.31	0.36	0.19	0.31	0.03	1.00						
Carot16	0.50**	0.36	0.08	0.28	0.19	-0.05	1.00							
SPAD14	-0.01	0.01	-0.38	0.34	0.47*	1.00								
SPAD16	0.26	0.01	-0.06	0.36	1.00									
BM	0.82***	0.60*	0.00	1.00										
HI	0.26	0.31	1.00											
GY	0.60**	1.00												
GNC	1.00													

*=P<0,05; **=P<0,01; ***=P<0,0001

Referências

ANDRADE, F.H. Análise de crescimento e rendimento de milho, girassol e soja cultivados em Balcarce, Argentina. **Field Crops Research**, Amsterdam, v. 41, p. 1-12, 1995.

ARGENTA, G.; SILVA, P.R.F.; BORTOLINI, C.G.; FORSTHOFER, E.L.; STRIEDER, M.L.; STEFANI, G.F. Relação entre teor de clorofila extraível e leitura do clorofilômetro na folha de milho. In: CONGRESSO NACIONAL DE MILHO E SORGO, 23., 2000, Uberlândia. **Resumos...** Uberlândia: ABMS, 2000. p. 197.

ARGENTA, G.; SILVA, P.R.F.; SANGOI, L. Arranjo de plantas em milho: análise do estado da arte. **Ciência Rural**, Santa Maria, v. 31, n. 5, p. 1075-1084, 2001.

ARNON, I. **Mineral nutrition of maize (Nutrição mineral do milho).** Berna: Instituto Internacional da Potassa, 1975. 452 p.

BARBIE, A.; PROSSER, S.J. Análise automatizada da espetrometria de massa de razão ispotope estável de elementos leves. In: BOUTTON, T.W.; YAMASAKI, S. (Ed.). **Mass spectrometry of soils**. New York: Marcel Decker, 1996. p. 1-46.

BASSO, C.J.; CERETTA, C.A. Manejo do nitrogênio no milho em sucessão a plantas de cobertura de solo, sob plantio direto. **Revista Brasileira de Ciência do Solo**, Campinas, v. 24, n. 4, p. 905-915, 2000.

CAMPOSTRINI, E. **Fluorescência da clorofila a: considerações teóricas e aplicações prâticas**. Campos dos Goytacazes: UENF, 1988. 34 p.

CANTARELLA, H. Calagem e adubaçao do milho. In: BÜLL, L.T.; CANTARELLA, H. (Ed.). **Cultura do milho:** fatores que afetam a produtividade. Piracicaba: POTAFOS, 1993. p. 148-196.

CANTARELLA, H.; RAIJ, B. van; CAMARGO, C.E.O. Cereais. In: RAIJ, B.van;

CANTARELLA, H.; QUAGGIO, J.A.; FURLANI, A.M.C. **Recomendaçôes de adubaçâo e calagem para o Estado de Sao Paulo.** 2. ed. Campinas: IAC. 1997. p. 45-71 (Boletim Técnico, 100).

CERETTA, C.A.; BASSO, C J.; FLECHA, A.M.T.; PAVINATO, P.S.; VIEIRA, F.C.B.; MAI, M.E.M. Manejo da adubaçao nitrogenada na sucessao aveia preta/milho, no sistema plantio direto. **Revista Brasileira de Ciência do Solo**, Viçosa, v. 26, n. 1, p. 163-171, 2002.

CIAMPITTI, I.A.; ZHANG, H.; FRIEDEMANN, P; VYN, T.J. Potenciais estruturas fisiológicas para a fenotipagem de campo no meio da estação da absorção final de nitrogênio pela planta, eficiência do uso de nitrogênio e rendimento de grãos em milho. **Crop Science**, Madison, v. 52, p. 2728-2742, 2012.

COELHO, A.M. **Balanço de nitrogênio (15 N) na cultura do milho (*Zea mays* L.) em um Latossolo Vermelho Escuro fase cerrado**. 1987. 142 p. Dissertaçao (Mestrado em Solos e Nutriçao de Plantas) - Escola Superior de Agricultura de Lavras, Lavras, 1987.

DWYER, L.M.; TOLLENAAR, M.; HOUWING, L. A nondestructive method to monitor leaf greenness in corn. **Canadian Journal of Plant Science**, Ottawa, v. 71, p. 505-509, 1991.

DWYER, L.M.; ANDERSON, A.M.; MA, B.L.; STEWART, D.W.; TOLLENAAR, M.; GREGORICH, E. Quantificação da não linearidade na resposta do medidor de clorofila à concentração de azoto na folha de milho. **Canadian Journal of Plant Science**, Ottawa, v. 75, p. 179-182, 1995.

FANCELLI, A.L. **Nutriçâo e adubaçâo do milho**. Piracicaba: ESALQ, 2000. 43 p.

FANCELLI, A.L.; DOURADO NETO, D. **Produçâo de milho**. 2. ed. Guaiba: Agropecuària, 2004. 360 p.

FRANÇA, G.E.; COELHO, A.M.; RESENDE, M.; BAHIA FILHO, A.F.C. Parcelamento da adubação nitrogenada em cobertura na cultura do milho irrigado. In: EMBRAPA. Centro Nacional de Pesquisa de Milho e Sorgo. **Relatório técnico anial do Centro Nacional de Pesqiisa de Milho e Sorgo**: 1992-1993. Sete Lagoas, 1994. p. 28-29.

GAVA, G.J.C.; TRIVELIN, P.C.O.; OLIVEIRA, M.W.; HEINRICHS, R.; SILVA, M.A. Balanço do nitrogênio da uréia (^{15} N) no sistema solo-planta na implantação da semeadura direta na cultura do milho. **Bragantia**, Campinas, v. 65, p. 477-486, 2006.

HANWAY, J.J. Growth stages of corn (*Zea mays* L.). **Agronomy Joirnal**, Madison, v. 55, p. 487-492, 1963.

JOKELA, W.E.; RANDALL, G.W. Corn yield and residual soil nitrate as affected by time and rate of nitrogen application. **Agronomy Joirnal**, Madison, v. 81, p. 720-726, 1989.

MARENCO, R.A.; LOPES, N.F. **Fisiologia vegetal:** fotossintese, respiração, relações hídricas e nutrição mineral. 2. ed. Viçosa: UFV, 2005. 439 p.

MARKWELL, J.; OSTERMAN, J.C.; MITCHELL, J.L. Calibration of the Minolta SPAD-502 leaf chlorophyll meter. **Photosynthesis Research**, Dordrecht, v. 46, p. 467-472, 1995.

MÁQUINA FOTOGRÁFICA MINOLTA. **Manual para o medidor de clorofila SPAD 502**. Osaka: Radiometric Instruments Divisions, 1989. 22 p.

MORAN, R.; PORATH, D. Chlorophyll determination in intact tissues using n,n dimethylformamide. **Plant Physiology**, Rockville, v. 65, p. 478-479, 1980.

NEPTUNE, A.M.L.; CAMPANELLI, A. Efeitos de épocas e modo de aplicação do sulfato de amônio - 15 N, fósforo - 32 P, na quantidade e teores de N, P e K na planta e na folha do milho, na produção, na quantidade de proteina e eficiência do nitrogênio do fertilizante convertido em proteina. **Anais da Escola Superior de Agricultura "Luiz de Queiroz"**, Piracicaba, v. 37, n. 2, p. 1105-1143, 1980.

PAULETTI, V.; COSTA, L.C. Época de aplicaçao de nitrogênio no milho cultivado em sucessao à aveia preta no sistema plantio direto. **Ciência Rural**, Santa Maria, v. 30, n. 4, p. 599-603, 2000.

PESTANA, M.; DAVID, M.; VARENNES, A.; ABADIA, J.; FARIA, E.A. Respostas de laranjeiras "Newhall" à deficiência de ferro em hidroponia: efeitos sobre a clorofila foliar, eficiência fotossintética e atividade da redutase do quelato férrico na raiz. **Journal of Plant Nutrition**, Nova York, v. 24, p. 1609-1620, 2001.

PIEKIELEK, W.P.; FOX, R.H. Use of a chlorophyll meter to predict side dress nitrogen requirements for maize. **Agronomy Journal, Madison**, v. 84, n. 1, p. 59-65, 1992.

PIEKIELEK, W.P.; FOX, R.H.; TOTH, J.D.; MACNEAL, K.E. Uso de um medidor de clorofila no estágio inicial de mossa do milho para avaliar a suficiência de N. **Agronomy Journal**, Madison, v. 87, n. 3, p. 403-408, 1995.

PIONNER. **Hibridos de milho:** 30F35HR. Santa Cruz do Sul, 2014. Disponivel em: <http://www.pioneersementes.com.br/DownloadCenter/Catalogo-De-Produtos-Milho- Safrinha-2014.pdf>. Acesso em: 20 jan. 2015.

RITCHIE, S.W.; HANWAY, J.J.; BENSON, G.O. Como a planta de milho se desenvolve.

Informaçôes Agronômicas, Piracicaba, n. 103, p. 1-11, 2003.

SA, J.C.M. de. **Manejo de nitrogênio na cultura do milho no sistema plantio direto**. Passo Fundo: Aldeia Norte, 1996. 23 p.

INSTITUTO SAS. **SAS/STAT 9.1:** guia do utilizador. Cary, 2004.

SETTIMI, J.R.; MARANVILLE, J.W. Eficiência de assimilação de dióxido de carbono em folhas de milho sob stress de azoto em diferentes estádios de desenvolvimento da planta. **Soil Science and Plant Analysis**, Philadelphia, v. 29, p. 777-792, 1998.

SOUSA, D.M.G. de; LOBATO, E. Calagem e adubaçao para culturas anuais e semiperenes. In:. (Ed.). **Cerrado:** correçao do solo e adubaçao. Planaltina: Embrapa Cerrados, 2004. p. 283-315.

TRIVELIN, P.C.O.; OLIVEIRA, M.W.; VITTI, A.C.; GAVA, G.J.C.; BENDASSOLLI, J.A. Perdas do nitrogênio da uréia no sistema solo-planta em dois ciclos de cana-de-açùcar.

Pesquisa Agropecuária Brasileira, Brasília, v. 37, p. 193-201, 2002.

5. DEBATE GERAL

Os problemas causados à agricultura pelas condições climatéricas de seca estão e estarão sempre presentes no mundo, com maior ou menor intensidade. Além da seca, os demais estresses ambientais bióticos e, também, abióticos, juntos, são fatores significativos que diminuem a produção agrícola. Por isso, estudos sobre a tolerância das culturas a esses estresses e sobre a maior eficiência no uso dos recursos ambientais são extremamente importantes para manter e aumentar a produção de alimentos para a crescente população mundial.

5.1 Implicações para a agricultura e a ciência

Podemos afirmar que a seca é um problema constante na agricultura com grande influência na produção de grãos de milho. Desta forma, o intervalo entre antese da silagem (IAS) ou o período de desenvolvimento de um genótipo é muito importante para decidir a melhor data de plantio visando evitar condições climáticas de seca nos estágios mais sensíveis de desenvolvimento da planta, como o período de floração.

Alguns genótipos de milho apresentam ASI mais curto ou mais longo do que os outros, pelo que é importante conhecer estes períodos para cada genótipo e efetuar a plantação na melhor altura para evitar as condições de seca.

No Capítulo 2 foram avaliadas as possíveis caraterísticas que governam a absorção e concentração de nutrientes entre híbridos tolerantes e não tolerantes à seca e sua influência na produtividade de grãos sob diferentes tratamentos de manejo. Neste estudo, pudemos observar que períodos mais curtos entre a antese e a muda e o acúmulo de mais macronutrientes na palha, durante a estação seca, poderiam ser alguns dos mecanismos utilizados pelos híbridos tolerantes à seca para alcançar maior produção de biomassa vegetal e possível rendimento de grãos. No entanto, todos os híbridos responderam de forma semelhante em termos de rendimento de grãos aos tratamentos de densidade de plantas e de taxa de N no ano seco ou mais normal.

No Capítulo 3, investigámos as respostas fisiológicas e de rendimento de híbridos comparáveis tolerantes à seca e não tolerantes à seca a diferentes densidades de plantas e taxas de N. Também avaliámos as taxas de fotossíntese e transpiração das folhas ao longo da estação de crescimento em resposta a diferentes tratamentos de densidade de plantas e taxas de N. Também avaliámos a fotossíntese foliar e as taxas de transpiração dos híbridos ao longo da estação de crescimento em resposta a tratamentos de densidade de plantas e taxas de N variadas. Observámos que não havia provas de que os híbridos tolerantes à seca fossem diferentes dos não tolerantes à seca na sua resposta ao fertilizante N ou à densidade de plantas. No entanto, observámos que o menor LAI e a maior fotossíntese e transpiração presentes nos híbridos tolerantes à seca podem ser um mecanismo de tolerância à seca utilizado por estes híbridos para melhorar a sua eficiência no uso da água.

Para os dois Capítulos (2 e 3), colocámos a hipótese de que os híbridos tolerantes à seca poderiam ser diferentes na absorção de azoto e na produtividade de grãos em relação aos seus homólogos com maturidade semelhante. No entanto, o híbrido tolerante à seca não mostrou qualquer mérito em comparação com o híbrido não tolerante à seca no que respeita ao rendimento de grãos nas épocas de clima seco ou mais normal. Assim, os futuros híbridos tolerantes à seca, desenvolvidos com biotecnologia ou híbridos transgénicos, poderão apresentar mais vantagens em comparação com os seus homólogos com menor tolerância à seca.

No Capítulo 4 foram avaliados métodos de análise de cultura, SPAD e teores de clorofila e carotenóides nas folhas do milho com o objetivo de verificar as condições da cultura do milho em resposta a fatores ambientais, como a adubação nitrogenada. Estudou-se também a resposta do milho à adubação nitrogenada em diferentes estádios de aplicação do fertilizante em cobertura. Concluiu-se que o SPAD pode ser utilizado como um método eficiente para avaliar o estado de nitrogênio do milho nos estádios iniciais de crescimento com forte correlação com clorofilas, carotenóides e rendimento de grãos, principalmente após o estádio V16 da amostra. Neste estudo, não houve diferença no rendimento de grãos em resposta aos tratamentos com aplicação de nitrogênio em diferentes estágios de crescimento em cobertura.

APÊNDICES

Tabela 5.1 - Altura das plantas e diâmetro dos caules para todos os híbridos (Híbrido 1 = AQUAmax^{TM} P1151, Híbrido 2 = P1162, Híbrido 3 = AQUAmax^{TM} P1498, e Híbrido 4 = 33D49), ambas as densidades (PD1 = 79.000, PD2 = 104.000 pl ha^{-1}), e todas as taxas de N (Nr1 = 0 kg N ha^{-1} , Nr2 = 134 kg N ha^{-1} , Nr3 = 202 kg N ha^{-1} , Nr4 = 269 kg N ha^{-1}) em 2012

	Altura (cm)				Diâmetro do caule (mm)				
	V5	V10	V15	R1	V10	V15	R1	R3	R4
Híbrido									
Hib 1	47	135	143	174	26.4 a	24.1 a	23,5 ab	22.6 a	22.2 a
Hib 2	48	136	129	151	25.3 ab	22.6 b	21.4 b	21.0 b	20.4 b
Hyb 3	48	132	128	164	23.7 b	22.5 b	21.9 b	21.3 b	20.9 b
Hyb 4	45	131	127	178	24.3 b	23,5 ab	22,6 ab	21,6 ab	21.3 ab
PD									
PD 1	47	135	136 a	171 a	26.0 a	24.2 a	23.4 a	22.5 a	22.1 a
PD 2	47	132	128 b	162 b	23.9 b	22.1 b	21.4 b	20.8 b	20.3 b
Nr									
N° 1	46	133	128	166	24.7	22.7 b	21.9 b	21.4	21
N° 2	47	133	134	169	24.8	23.0 ab	22.3 ab	21.6	21
N° 3	47	136	132	166	25.2	23.6 a	22.7 a	22	21.4
N° 4	47	133	133	167	25	23.4 ab	22,6 ab	21.6	21.5
Anova									
Hyb	ns	ns	ns	ns	*	*	**	**	*
PD	ns	ns	**	**	***	***	***	***	***
Nr	ns	ns	ns	ns	ns	*	*	ns	ns
Hyb x PD	ns	*	*	*	ns	ns	*	ns	*
Hyb xNr	ns	ns	ns	ns	ns	ns	ns	ns	ns
PD x N°	ns	ns	ns	ns	ns	ns	ns	ns	ns
Hyb x PD x Nr	ns	ns	ns	ns	ns	ns	ns	ns	ns

ns = não significativo; *=P<0,05; **=P<0,01; ***=P<0,0001

Tabela 5.2 - Alturas das plantas e diâmetros dos caules para todos os híbridos (Híbrido 1 = AQUAmax^{TM} P1151, Híbrido 2 = P1162, Híbrido 3 = AQUAmax^{TM} P1498, e Híbrido 4 = 33D49), ambas as densidades (PD1 = 78.000, PD2 = 99.000 pl ha^{-1}), e todas as taxas de N (Nr1 = 0 kg N ha^{-1} , Nr2 = 134 kg N ha^{-1} , Nr3 = 202 kg N ha^{-1} , Nr4 = 269 kg N ha^{-1}) em 2013

	Altura (cm)			Diâmetro do caule (mm)		
	V5	V10	V15	V10	V12	V14
Híbrido						
Hib 1	64 b	133 a	222 b	24.7 a	24.0 a	25.6 a
Hib 2	70 a	137 a	216 b	24.4 a	23.4 ab	25.7 a
Hyb 3	63 b	128 b	229 a	23.6 b	23.2 b	23.5 b
Hyb 4	62 b	126 b	227 a	24.3 a	23,8 ab	25.3 a
PD						
PD 1	64	130	226	25.1 a	24.7 a	26.0 a
PD 2	65	132	222	23.4 b	22.5 b	24.2 b
Nr						
Nº 1	63	119 b	196 b	22.7 b	21.1 c	23.2 c
Nº 2	65	133 a	230 a	24.5 a	24.0 b	25.2 b
Nº 3	65	135 a	234 a	25.0 a	25.0 a	25.1 b
Nº 4	65	136 a	235 a	25.0 a	25.0 a	26.7 a
Anova						
Hib	**	**	*	**	*	**
PD	ns	ns	ns	**	**	**
Nr	ns	**	**	**	**	**
Hyb x PD	ns	ns	ns	*	ns	ns
Hyb xNr	ns	ns	ns	ns	ns	ns
PD x Nº	ns	ns	ns	ns	ns	ns
Hyb x PD x Nr	ns	ns	ns	ns	ns	ns

ns = não significativo; *=P<0,05; **=P<0,01; ***=P<0,0001

Tabela 5.3 - Teste de separação de médias para altura de plantas (cm) nos estádios de crescimento V10, V15 e R1, e diâmetro do caule (mm) nos estádios de crescimento R1 e R4, para o fatorial Híbrido x PD para os quatro híbridos (Híbrido 1 = AQUAmaxTM P1151, Híbrido 2 = P1162, Híbrido 3 =AQUAmaxTM P1498, Híbrido 4 = 33D49) e cada nível de densidade de plantas (PD1 = 79.000; e PD2 = 104.000 pl ha-1) em 2012

	Altura V10 (cm)		Altura V15 (cm)		Altura R1 (cm)		Pedúnculo R1 (mm)		Caule R4 (mm)	
Híbrido	PD1	PD2	PD1	PD2	PD1	PD2	PD1	PD2	PD1	PD2
Hib 1	127,2 Ba	135,1 Aa	135,5 Aa	140,4 Aa	164,4 Ba	170,9 Aa	24,1 Aa	23.0 Ab	22,6 Aa	21.7 Ab
Hib 2	145,4 Aa	131,7 Ab	141,6 Aa	125,7 Bb	165,3 Ba	145,8 Bb	22,7 Ba	20,0 Cb	21,5 Ba	19.2 Cb
Hib 3	134,5 ABa	131,1 Aa	131,7 Aa	124,7 Ba	168,4 Ba	161,4 Aa	22,7 Ba	21.2 Bb	21,7 Ba	20.1 Bb
Hyb 4	133,2 Ba	131,0 Aa	135,2 Aa	119,8 Bb	187,0 Aa	170,8 Ab	24,0 Aa	21.3 Bb	22,6 Aa	20.3 Bb

Letras minúsculas diferentes nas linhas: o mesmo híbrido difere nas densidades de plantas. Letras maiúsculas diferentes nas colunas: os híbridos diferem na mesma PD

Tabela 5.4 - Teste de separação de médias para ZHI (Zink harvest index), para o fatorial Híbrido x Taxa de N, e Stalk V10 (Stalk diameter at V10 growth stage), para o fatorial Híbrido x Densidade de plantas (PD), para todos os quatro híbridos (Híbrido 1 = AQUAmaxTM P1151, Híbrido 2 = P1162, Híbrido 3 =AQUAmaxTM P1498, Híbrido 4 = 33D49), cada nível de densidade de plantas (PD1 = 78.000; e PD2 = 99.000 pl ha-1), e quatro taxas de N (Nr1 = 0, Nr2 = 134, Nr3 = 202, e Nr4 = 269 kg ha-1), respetivamente, em 2013

	ZHI				Pé V10 (mm)	
Híbrido	Nr1	Nr2	Nr3	Nr4	PD1	PD2
Hib 1	0,451 Ab	0,605 Aa	0,608 aCa	0,647 Aa	26,07 Aa	23.45 Ab
Hib 2	0,523 Ab	0,605 Aab	0,534 Cb	0,620 Aa	25,49 Aa	23.36 Ab
Hyb 3	0,455 Ab	0,634 Aa	0,691 Aa	0,689 Aa	24.19 Ba	23.04 Ab
Hyb 4	0,371 Bb	0,560 Ab	0,644 ABa	0,616 Aab	24,83 Ba	23.41 Ab

Letras minúsculas diferentes nas linhas: o mesmo híbrido difere nas densidades de plantas. Letras maiúsculas diferentes nas colunas: os híbridos diferem na mesma PD

Tabela 5.5 - SPAD médio para todos os híbridos (Híbrido 1 = AQUAmaxTM P1151, Híbrido 2 = P1162, Híbrido 3 = AQUAmaxTM P1498, e Híbrido 4 = 33D49) em ambas as densidades (PD1 = 79.000 pl ha-1, PD2 = 104.000 pl ha-1) e em todas as taxas de N (Nr1 = 0 kg N ha-1, Nr2 = 134 kg N ha-1, Nr3 = 202 kg N ha-1, Nr4 = 269 kg N ha-1) em 2012

				SPAD			
	V10	**V12**	**V15**	**R1**	**R3**	**R4**	**R5**
Híbrido							
Hib 1	55.3	53.9	50.8	48.4	49.7 b	47,9 ab	39.4
Hib 2	51.9	49	48.2	45.9	48.4 b	45.2 b	37.6
Hyb 3	54.3	53.5	49.6	49.8	50.0 ab	47.2 ab	42.1
Hyb 4	56.4	53.4	50.1	49.4	53.5 a	51.3 a	45.5
PD							
PD 1	55.0 a	53.6 a	50.7 a	49.3 a	51.8 a	49.1 a	41.7
PD 2	53.9 b	51.4 b	48.7 b	47.4 b	49.0 b	46.0 b	40.6
Nr							
Nº 1	53.8	51.9 b	48.1 b	46.6 b	48.0 b	43.9 b	35.8 b
Nº 2	54.6	-	48,8 ab	48.8 a	50.8 a	48.7 a	-
Nº 3	54.8	53.0 a	50.1 a	48.9 a	50.9 a	49.0 a	46.5 a
Nº 4	54.7	-	50.7 a	49.2 a	51.9 a	50.1 a	-
Anova							
Hyb	ns	ns	ns	ns	*	*	ns
PD	**	***	**	**	***	***	ns
Nr	ns	*	**	**	***	***	***
Hyb x PD	ns	ns	ns	ns	ns	ns	ns
Hyb xNr	*	ns	ns	ns	ns	ns	ns
PD x Nº	ns	ns	ns	ns	ns	ns	ns
Hyb x PD x Nr	ns	ns	ns	ns	ns	ns	ns

ns = não significativo; *=P<0,05; **=P<0,01; ***=P<0,0001

Tabela 5.6 - SPAD médio para todos os híbridos (Híbrido 1 = AQUAmax^{TM} P1151, Híbrido 2 = P1162, Híbrido 3 = AQUAmax^{TM} P1498, e Híbrido 4 = 33D49) em ambas as densidades (PD1 = 78,000, PD2 = 99,000 pl ha^{-1}) em todas as taxas de N (Nr1 = 0 kg N ha^{-1} , Nr2 = 134 kg N ha^{-1} , Nr3 = 202 kg N ha^{-1} , Nr4 = 269 kg N ha^{-1}) em 2013

	SPAD		
	V10	**V12**	**V14**
Híbrido			
Hib 1	55.0 b	46.3 a	51.7 a
Hib 2	50.5 d	43.6 b	49.2 b
Hyb 3	53.4 c	47.5 a	51.8 a
Hyb 4	56.3 a	44.6 b	50.1 a
PD			
PD 1	54.8 a	46.6 a	52.5 a
PD 2	52.8 b	44.4 b	49.0 b
Nr			
Nº 1	46.5 b	37.9 b	39.2 c
Nº 2	55.8 a	47.3 a	54,4 ab
Nº 3	56.1 a	48.4 a	53.7 b
Nº 4	56.8 a	48.4 a	55.6 a
Anova			
Hyb	**	**	**
PD	**	**	**
Nr	**	**	**
Hyb x PD	ns	ns	ns
Hyb xNr	ns	ns	ns
PD x Nº	ns	ns	ns
Hyb x PD x Nr	ns	ns	ns

ns = não significativo; *=P<0,05; **=P<0,01; ***=P<0,0001

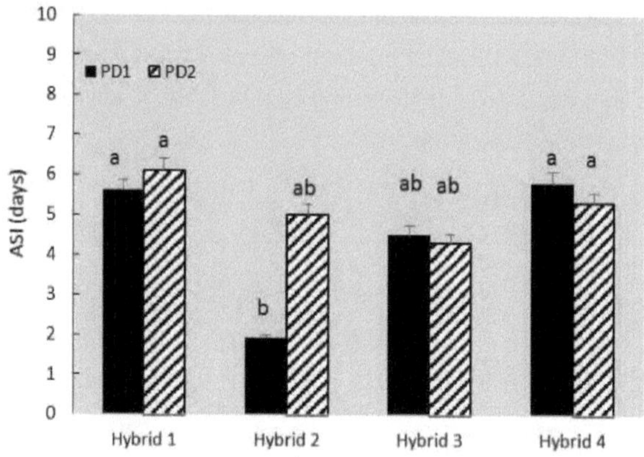

Figura 5.   1- Intervalo antese-silagem (IAS) (dias) para o fatorial Híbrido x PD na maturidade fisiológica para todos os híbridos de milho (Híbrido 1 = AQUAmax™ P1151, Híbrido 2 = P1162, Híbrido 3 = AQUAmax™ P1498, Híbrido 4 = 33D49, e Híbrido 5 = P1184) cultivados em duas densidades de plantas (PD1=79.000, PD2=104.000 pl ha^{-1}) e quatro taxas de N (Nr1 = 0, Nr2 = 134, Nr3 = 202, e Nr4 = 269 kg ha^{-1}) em 2012

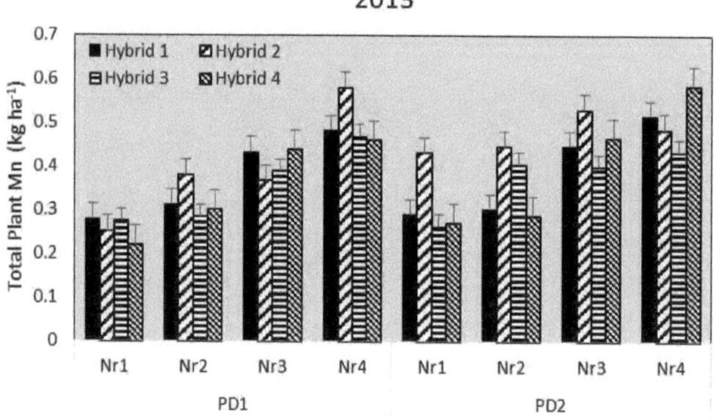

Figura 5.2 - Mn total da planta (kg ha^{-1}) para o fatorial Híbrido x PD x taxa de N na maturidade fisiológica para todos os quatro híbridos (Híbrido 1 = AQUAmax™ P1151, Híbrido 2 = P1162, Híbrido 3 =AQUAmax™ P1498, Híbrido 4 = 33D49), cada nível de densidade de plantas (PD1 = 78.000; e PD2 = 99.000 pl ha^{-1}), e todos os quatro níveis de taxa de N (Nr1 = 0, Nr2 = 134, Nr3 = 202, e Nr4 = 269 kg N sidedress ha^{-1}), em 2013

Tabela 5.7 - Partição de zinco (kg ha^{-1} peso seco) em componentes de grãos, espiga e palha, e índice de colheita de zinco (ZnHI) na maturidade fisiológica para todos os híbridos de milho (Híbrido 1 = AQUAmax^{TM} P1151, Híbrido 2 = P1162, Híbrido 3 = AQUAmax^{TM} P1498, Híbrido 4 = 33D49) cultivados em duas densidades de plantas (PD1 = 79.000, PD2 = 104.000 pl ha^{-1}) e quatro taxas de N (Nr1 = 0, Nr2 = 134, Nr3 = 202, e Nr4 = 269 kg ha^{-1}) em 2012

	Zn em grão (kg ha^{-1})	Cob Zn (kg ha)$^{-1}$	Zn do caule (kg ha)$^{-1}$	Zn total (kg ha)$^{-1}$	ZnHI
Híbrido					
Hib 1	0.09 c	0.02	0.22 a	0.34 c	0.26 c
Hib 2	0.11 c	0.04	0.19 b	0.35 c	0.33 b
Hyb 3	0.16 b	0.05	0.24 a	0.45 a	0.34 b
Hyb 4	0.19 a	0.03	0.18 b	0.40 b	0.48 a
PD					
PD 1	0.13	0.03	0.21	0.38	0.34
PD 2	0.15	0.04	0.21	0.4	0.36
Nr					
Nº 1	0.12	0.03	0.17 c	0.32 c	0.38
Nº 2	0.13	0.04	0.21 b	0.40 b	0.34
Nº 3	0.14	0.03	0,22 ab	0.40 b	0.34
Nº 4	0.16	0.04	0.24 a	0.44 a	0.34
Anova					
Hyb	**	na	**	**	**
PD	ns	na	ns	ns	ns
Nr	ns	na	**	**	ns
Hyb x PD	**	na	*	*	**
Hyb xNr	ns	na	ns	*	ns
PD x Nº	ns	na	ns	ns	ns
Hyb x PD x Nr	**	na	ns	ns	**

ns = não significativo; na = não disponível; *=P<0,05; **=P<0,01; ***=P<0,0001.

A concentração de nutrientes na espiga para o mesmo tratamento nas repetições 2 e 3 foi estimada a partir dos dados da repetição 1, mas ajustada para o peso de cada espiga da parcela individual, pelo que não foi possível efetuar uma análise estatística

Tabela 5.8 - Partição de zinco (kg ha^{-1} peso seco) em componentes de grãos, espiga e palha, e índice de colheita de zinco (ZnHI) na maturidade fisiológica para todos os híbridos de milho (Híbrido 1 = AQUAmax^{TM} P1151, Híbrido 2 = P1162, Híbrido 3 = AQUAmax^{TM} P1498, Híbrido 4 = 33D49) cultivados em duas densidades de plantas (PD1 = 79.000, PD2 = 104.000 pl ha^{-1}) e quatro taxas de N (Nr1 = 0, Nr2 = 134, Nr3 = 202, e Nr4 = 269 kg ha^{-1}) em 2013

	Zn em grão (kg ha^{-1})	Cob Zn (kg ha)$^{-1}$	Zn do caule (kg ha)$^{-1}$	Zn total (kg ha)$^{-1}$	ZnHI
Híbrido					
Hib 1	0.18 a	0.01	0.11	0.32 a	0.58 b
Hib 2	0.19 a	0.03	0.12	0.34 a	0.57 b
Hyb 3	0.19 a	0.01	0.1	0.31 a	0.62 a
Hyb 4	0.15 b	0.01	0.1	0.27 b	0.55 b
PD					
PD 1	0.18	0.02	0.11	0.31	0.58
PD 2	0.18	0.02	0.11	0.31	0.57
Nr					
N° 1	0.12 c	0.02	0.13 a	0.27 c	0.45 c
N° 2	0.17 b	0.02	0.10 b	0,29 bc	0.60 b
N° 3	0.19 b	0.02	0.11 b	0,32 ab	0,62 ab
N° 4	0.23 a	0.02	0.11 b	0.36 a	0.64 a
Anova					
Hib	*	na	ns	**	**
PD	ns	na	ns	ns	ns
Nr	**	na	**	**	**
Hyb x PD	ns	na	ns	ns	ns
Hyb xNr	ns	na	ns	ns	**
PD x N°	ns	na	ns	ns	ns
Hyb x PD x Nr	ns	na	ns	ns	ns

ns = não significativo; na = não disponível; *=P<0,05; **=P<0,01; ***=P<0,0001.

A concentração de nutrientes na espiga para o mesmo tratamento nas repetições 2 e 3 foi estimada a partir dos dados da repetição 1, mas ajustada para o peso de cada espiga da parcela individual, pelo que não foi possível efetuar uma análise estatística

Tabela 5.9 - Partição de ferro (kg ha^{-1} peso seco) em componentes de grãos, espiga e palha, e índice de colheita de ferro (FeHI) na maturidade fisiológica para todos os híbridos de milho (Híbrido 1 = AQUAmax^{TM} P1151, Híbrido 2 = P1162, Híbrido 3 = AQUAmax^{TM} P1498, Híbrido 4 = 33D49) cultivados em duas densidades de plantas (PD1 = 79.000, PD2 = 104.000 pl ha^{-1}) e quatro taxas de N (Nr1 = 0, Nr2 = 134, Nr3 = 202, e Nr4 = 269 kg ha^{-1}) em 2012

	Fe do grão (kg ha)$^{-1}$	Fe da espiga (kg ha)$^{-1}$	Fe do caule (kg ha)$^{-1}$	Fe total (kg ha)$^{-1}$	FeHI
Híbrido					
Hib 1	0.07 c	0.01	1.25	1.32	0.06 c
Hib 2	0.08 c	0.01	1.25	1.35	0.05 c
Hyb 3	0.13 b	0.01	1.3	1.43	0.10 b
Hyb 4	0.16 a	0.01	1.17	1.34	0.13 a
PD					
PD 1	0.11	0.01	1.2	1.31	0.08
PD 2	0.11	0.01	1.3	1.41	0.09
Nr					
Nº 1	0.1	0.01	1.27	1.38	0.08
Nº 2	0.11	0.01	1.28	1.4	0.09
Nº 3	0.11	0.01	1.27	1.4	0.08
Nº 4	0.11	0.01	1.15	1.3	0.1
Anova					
Hyb	**	na	ns	ns	**
PD	ns	na	ns	ns	ns
Nr	ns	na	ns	ns	ns
Hyb x PD	ns	na	ns	ns	ns
Hyb xNr	ns	na	ns	ns	ns
PD x Nº	**	na	ns	ns	ns
Hyb x PD x Nr	ns	na	ns	ns	ns

ns = não significativo; na = não disponível; *=P<0,05; **=P<0,01; ***=P<0,0001.

A concentração de nutrientes na espiga para o mesmo tratamento nas repetições 2 e 3 foi estimada a partir dos dados da repetição 1, mas ajustada para o peso de cada espiga da parcela individual, pelo que não foi possível efetuar uma análise estatística

Tabela 5.10 - Partição de ferro (kg ha^{-1} peso seco) em componentes de grãos, espiga e palha, e índice de colheita de ferro (FeHI) na maturidade fisiológica para todos os híbridos de milho (Híbrido 1 = AQUAmax^{TM} P1151, Híbrido 2 = P1162, Híbrido 3 = AQUAmax^{TM} P1498, Híbrido 4 = 33D49) cultivados em duas densidades de plantas (PD1 = 79.000, PD2 = 104.000 pl ha^{-1}) e quatro taxas de N (Nr1 = 0, Nr2 = 134, Nr3 = 202, e Nr4 = 269 kg ha^{-1}) em 2013

	Fe do grão (kg ha^{-1})	Fe da espiga (kg ha^{-1})	Fe do caule (kg ha^{-1})	Fe total (kg ha^{-1})	FeHI
Híbrido					
Hib 1	0.15	0.01	0.77 b	0.93 b	0,16 bc
Hib 2	0.14	0.01	0.89 a	1.05 a	0.13 c
Hyb 3	0.16	0.01	0.55 c	0.72 c	0.23 a
Hyb 4	0.13	0.01	0.56 c	0.69 c	0.19 b
PD					
PD 1	0.14	0.01	0.65 b	0.80 b	0.18
PD 2	0.15	0.01	0.74 a	0.90 a	0.17
Nr					
Nº 1	0.07 c	0.01	0.67	0.76 b	0.09 c
Nº 2	0.15 b	0.01	0.73	0.89 a	0.18 b
Nº 3	0,17 ab	0.01	0.72	0.90 a	0.20 b
Nº 4	0.19 a	0.01	0.65	0,85 ab	0.24 a
Anova					
Hyb	ns	na	**	**	**
PD	ns	na	*	**	ns
Nr	**	na	ns	*	**
Hyb x PD	ns	na	ns	ns	ns
Hyb xNr	ns	na	ns	ns	ns
PD x Nº	ns	na	ns	ns	ns
Hyb x PD x Nr	ns	na	ns	ns	ns

ns = não significativo; na = não disponível; *=P<0,05; **=P<0,01; ***=P<0,0001.

A concentração de nutrientes na espiga para o mesmo tratamento nas repetições 2 e 3 foi estimada a partir dos

dados da repetição 1

, mas ajustada para o peso de cada espiga da parcela individual, pelo que não foi possível efetuar uma análise estatística

Tabela 5.11 - Partição de manganês (kg ha^{-1} peso seco) em componentes de grãos, espiga e palha, e índice de colheita de manganês (MnHI) na maturidade fisiológica para todos os híbridos de milho (Híbrido 1 = AQUAmax™ P1151, Híbrido 2 = P1162, Híbrido 3 = AQUAmax™ P1498, Híbrido 4 = 33D49) cultivados em duas densidades de plantas (PD1 = 79.000, PD2 = 104.000 pl ha^{-1}) e quatro taxas de N (Nr1 = 0, Nr2 = 134, Nr3 = 202, e Nr4 = 269 kg ha^{-1}) em 2012

	Mn em grão (kg ha)$^{-1}$	Mn da espiga (kg ha)$^{-1}$	Mn do caule (kg ha)$^{-1}$	Mn total (kg ha)$^{-1}$	MnHI
Híbrido					
Hib 1	0.025 c	0.008	0.582	0.618	0.05 b
Hib 2	0.029 c	0.013	0.599	0.638	0.04 b
Hib 3	0.048 b	0.018	0.653	0.720	0.07 a
Hyb 4	0.056 a	0.012	0.647	0.715	0.08 a
PD					
PD 1	0.038	0.011	0.615	0.665	0.06
PD 2	0.041	0.014	0.626	0.681	0.06
Nr					
Nº 1	0.034	0.012	0.464 c	0.509 c	0.07
Nº 2	0.041	0.012	0.608 b	0.662 b	0.07
Nº 3	0.039	0.012	0,686 ab	0,738 ab	0.05
Nº 4	0.044	0.016	0.724 a	0.784 a	0.06
Anova					
Hyb	**	na	ns	ns	**
PD	ns	na	ns	ns	ns
Nr	ns	na	**	**	ns
Hyb x PD	ns	na	ns	ns	ns
Hyb xNr	ns	na	ns	ns	ns
PD x Nº	ns	na	ns	ns	ns
Hyb x PD x Nr	*	na	ns	ns	ns

ns = não significativo; na = não disponível; *=P<0,05; **=P<0,01; ***=P<0,0001.

A concentração de nutrientes nas espigas para o mesmo tratamento nas repetições 2 e 3 foi estimada a partir dos

dados da repetição 1

, mas ajustada para o peso de cada espiga da parcela individual, pelo que não foi possível efetuar uma análise estatística

Tabela 5.12 - Partição de manganês (kg ha⁻¹ peso seco) em componentes de grãos, espiga e palha, e índice de colheita de manganês (MnHI) na maturidade fisiológica para todos os híbridos de milho (Híbrido 1 = AQUAmax^{TM} P1151, Híbrido 2 = P1162, Híbrido 3 = AQUAmax^{TM} P1498, Híbrido 4 = 33D49) cultivados em duas densidades de plantas (PD1 = 79.000, PD2 = 104.000 pl ha⁻¹) e quatro taxas de N (Nr1 = 0, Nr2 = 134, Nr3 = 202, e Nr4 = 269 kg ha⁻¹) em 2013

	Mn em grão (kg ha)⁻¹	Mn da espiga (kg ha)⁻¹	Mn do caule (kg ha)⁻¹	Mn total (kg ha)⁻¹	MnHI
Híbrido					
Hib 1	0.038	0.004	0.342 b	0.383 b	0.09 a
Hib 2	0.03	0.005	0.400 a	0.434 a	0.07 b
Hyb 3	0.035	0.006	0.324 b	0.365 b	0.09 b
Hyb 4	0.03	0.004	0.345 b	0.378 b	0.07 b
PD					
PD 1	0.033	0.004	0.333 b	0.370 b	0.09
PD 2	0.032	0.005	0.370 a	0.410 a	0.08
Nr					
Nº 1	0.018 c	0.004	0.260 d	0.285 d	0.06 b
Nº 2	0.034 b	0.004	0.302 c	0.340 c	0.10 a
Nº 3	0,037 ab	0.005	0.392 b	0.434 b	0.08 a
Nº 4	0.046 a	0.005	0.453 a	0.501 a	0.08 a
Anova					
Hyb	ns	na	**	**	*
PD	ns	na	*	**	ns
Nr	**	na	**	**	**
Hyb x PD	ns	na	ns	ns	ns
Hyb xNr	ns	na	ns	ns	ns
PD x Nº	ns	na	ns	ns	ns
Hyb x PD x Nr	ns	na	ns	*	ns

ns = não significativo; na = não disponível; *=P<0,05; **=P<0,01; ***=P<0,0001.

A concentração de nutrientes na espiga para o mesmo tratamento nas repetições 2 e 3 foi estimada a partir dos

dados da repetição 1

, mas ajustada para o peso de cada espiga da parcela individual, pelo que não foi possível efetuar uma análise estatística

Tabela 5.13 - Partição de cobre (kg ha^{-1} peso seco) em componentes de grãos, espiga e palha, e índice de colheita de cobre (CuHI) na maturidade fisiológica para todos os híbridos de milho (Híbrido 1 = AQUAmax^{TM} P1151, Híbrido 2 = P1162, Híbrido 3 = AQUAmax^{TM} P1498, Híbrido 4 = 33D49) cultivados em duas densidades de plantas (PD1 = 79.000, PD2 = 104.000 pl ha^{-1}) e quatro taxas de N (Nr1 = 0, Nr2 = 134, Nr3 = 202, e Nr4 = 269 kg ha^{-1}) em 2012

	Cu de grão (kg ha^{-1})	Cob Cu (kg ha)$^{-1}$	Cu do caule (kg ha)$^{-1}$	Cu total (kg ha)$^{-1}$	CuHI
Híbrido					
Hib 1	0.006 c	0.003	0.039 a	0.048 c	0.13 c
Hib 2	0.009 b	0.002	0.029 b	0.041 d	0.25 a
Hyb 3	0.008 b	0.003	0.041 a	0,053 bc	0.16 c
Hyb 4	0.012 a	0.004	0.042 a	0.058 a	0.21 b
PD					
PD 1	0.008 b	0.003	0.039	0.05	0.17 b
PD 2	0.010 a	0.003	0.037	0.05	0.20 a
Nr					
N° 1	0.008	0.002	0.029 b	0.040 b	0.22 a
N° 2	0.009	0.003	0.040 a	0.053 a	0,18 ab
N° 3	0.009	0.003	0.041 a	0.053 a	0.16 b
N° 4	0.009	0.003	0.041 a	0.054 a	0.18 b
Anova					
Hib	**	na	**	**	**
PD	**	na	ns	ns	*
Nr	ns	na	**	**	*
Hyb x PD	*	na	**	ns	*
Hyb xNr	ns	na	ns	ns	ns
PD x N°	ns	na	ns	ns	ns
Hyb x PD x Nr	ns	na	ns	ns	ns

ns = não significativo; na = não disponível; *=P<0,05; **=P<0,01; ***=P<0,0001.

A concentração de nutrientes nas espigas para o mesmo tratamento nas repetições 2 e 3 foi estimada a partir dos
dados da repetição 1
, mas ajustada para o peso de cada espiga da parcela individual, pelo que não foi possível efetuar uma análise estatística

Tabela 5.14 - Partição de cobre (kg ha^{-1} peso seco) em componentes de grãos, espiga e palha, e índice de colheita de cobre (CuHI) na maturidade fisiológica para todos os híbridos de milho (Híbrido 1 = AQUAmax^{TM} P1151, Híbrido 2 = P1162, Híbrido 3 = AQUAmax^{TM} P1498, Híbrido 4 = 33D49) cultivados em duas densidades de plantas (PD1 = 79.000, PD2 = 104.000 pl ha^{-1}) e quatro taxas de N (Nr1 = 0, Nr2 = 134, Nr3 = 202, e Nr4 = 269 kg ha^{-1}) em 2013

	Cu em grão (kg ha)$^{-1}$	**Cob** (kg ha)$^{-1}$	**Cu Cu do caule** (kg ha)$^{-1}$	**Cu total** (kg ha)$^{-1}$	**CuHI**
Híbrido					
Hib 1	0,018 ab	0.003	0.032 a	0,052 ab	0,34 bc
Hib 2	0.022 a	0.002	0.031 a	0.055 a	0,38 ab
Hyb 3	0,019 ab	0.002	0.025 b	0.046 c	0.40 a
Hyb 4	0.016 b	0.003	0.029 a	0,048 bc	0.33 c
PD					
PD 1	0.017	0.003	0.03	0.049	0.35
PD 2	0.02	0.002	0.03	0.052	0.37
Nr					
Nº 1	0.010 b	0.001	0.015 c	0.026 c	0.37
Nº 2	0.020 a	0.003	0.031 b	0.054 b	0.36
Nº 3	0.021 a	0.003	0,034 ab	0,058 ab	0.36
Nº 4	0.023 a	0.003	0.036 a	0.062 a	0.36
Anova					
Hyb	*	na	**	*	*
PD	ns	na	ns	ns	ns
Nr	**	na	**	**	ns
Hyb x PD	ns	na	ns	ns	ns
Hyb xNr	ns	na	ns	ns	ns
PD x Nº	ns	na	ns	ns	ns
Hyb x PD x Nr	ns	na	ns	ns	ns

ns = não significativo; na = não disponível; *=P<0,05; **=P<0,01; ***=P<0,0001.

A concentração de nutrientes na espiga para o mesmo tratamento nas repetições 2 e 3 foi estimada a partir dos

dados da repetição 1

, mas ajustada para o peso de cada espiga da parcela individual, pelo que não foi possível efetuar uma análise estatística

Tabela 5.15 - Teor de Mn nos grãos para o fatorial Híbrido x PD x taxa de N para os quatro híbridos (Híbrido 1 = AQUAmax™ P1151, Híbrido 2 = P1162, Híbrido 3 =AQUAmax™ P1498, Híbrido 4 = 33D49), cada nível de densidade de plantas (PD1 = 79.000; e PD2 = 104.000 pl ha^{-1}), e quatro taxas de N (Nr1 = 0, Nr2 = 134, Nr3 = 202, e Nr4 = 269 kg ha^{-1}), respetivamente, em 2012

Híbrido	Mn em grão (kg ha)$^{-1}$			
	Nrl	Nr2	Nr3	Nr4
Hib 1				
PD1	0.023	0.014	0.025	0.03
PD2	0.035	0.027	0.02	0.03
Hib 2				
PD1	0.02	0.03	0.04	0.037
PD2	0.02	0.026	0.023	0.034
Hib 3				
PD1	0.046	0.053	0.031	0.042
PD2	0.0369	0.05	0.064	0.062
Hyb 4				
PD1	0.063	0.06	0.047	0.055
PD2	0.031	0.07	0.064	0.062

Tabela 5.16 - Absorção total de Mn para o fatorial Híbrido x PD x taxa de N para os quatro híbridos (Híbrido 1 = AQUAmax™ P1151, Híbrido 2 = P1162, Híbrido 3 =AQUAmax™ P1498, Híbrido 4 = 33D49), cada nível de densidade de plantas (PD1 = 78.000; e PD2 = 99.000 pl ha^{-1}), e quatro taxas de N (Nr1 = 0, Nr2 = 134, Nr3 = 202, e Nr4 = 269 kg ha^{-1}), respetivamente, em 2013

Híbrido	Absorção total de Mn (kg ha)$^{-1}$			
	Nr1	Nr2	Nr3	Nr4
Hib 1				
PD1	0.280	0.313	0.434	0.483
PD2	0.290	0.303	0.447	0.516
Hib 2				
PD1	0.251	0.381	0.367	0.579
PD2	0.4311	0.445	0.53	0.485
Hib 3				
PD1	0.275	0.285	0.389	0.469
PD2	0.262	0.404	0.399	0.433
Hyb 4				
PD1	0.22	0.302	0.439	0.46
PD2	0.2712	0.287	0.465	0.583

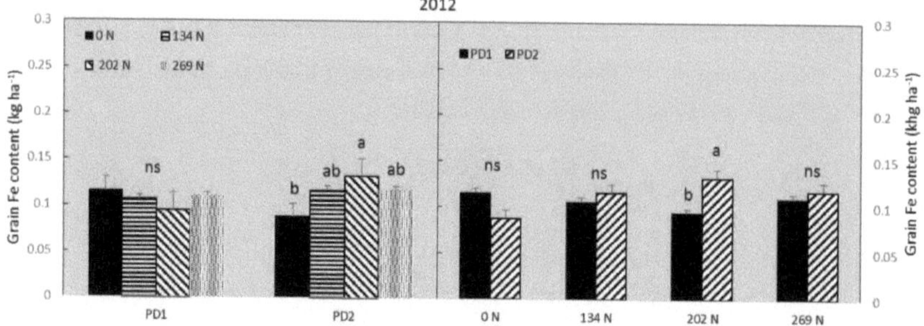

Figura 5.3 - Teste de separação de médias para o teor de Fe nos grãos (kg ha^{-1}) para o fatorial PD x taxa de N na maturidade fisiológica para cada nível de densidade de plantas (PD1 = 79.000; e PD2 = 104.000 pl ha^{-1}), e todos os quatro níveis de taxa de N (Nr1 = 0, Nr2 = 134, Nr3 = 202, e Nr4 = 269 kg N sidedress ha^{-1}), quando a média foi calculada em todos os 4 híbridos em 2012

Tabela 5.17. ZHI total (índice de colheita de zinco), e teor de Zn nos grãos (kg ha^{-1}) para o fatorial Híbrido x PD x taxa de N para os quatro híbridos (Híbrido 1 = AQUAmax^{TM} P1151, Híbrido 2 = P1162, Híbrido 3 =AQUAmax^{TM} P1498, Híbrido 4 = 33D49), cada nível de densidade de plantas (PD1 = 79.000; e PD2 = 104.000 pl ha^{-1}), e quatro taxas de N (Nr1 = 0, Nr2 = 134, Nr3 = 202, e Nr4 = 269 kg ha^{-1}), respetivamente, em 2012

2012	ZHI				Teor de Zn no grão (kg ha)$^{-1}$			
Híbrido	Nr1	Nr2	Nr3	Nr4	Nr1	Nr2	Nr3	Nr4
Hib 1								
PD1	0.291	0.219	0.231	0.301	0.088	0.068	0.7	0.103
PD2	0.371	0.236	0.176	0.227	0.109	0.09	0.073	0.09
Hib 2								
PD1	0.334	0.358	0.373	0.366	0.09	0.095	0.149	0.157
PD2	0.337	0.301	0.319	0.2696	0.094	0.095	0.107	0.114
Hyb 3								
PD1	0.392	0.31	0.198	0.221	0.14	0.138	0.078	0.113
PD2	0.338	0.349	0.485	0.447	0.121	0.157	0.242	0.304
Hyb 4								
PD1	0.549	0.463	0.389	0.424	0.221	0.202	0.174	0.182
PD2	0.411	0.512	0.551	0.499	0.124	0.222	0.244	0.194

Tabela 5.18 - Teste de separação de médias para o teor de Zn no caule (kg ha^{-1}), teor de Zn no grão (kg ha^{-1}), teor de Cu no grão (kg ha^{-1}), teor de Cu no caule (kg ha^{-1}), e CuHI (índice de colheita da copa) para o fatorial Híbrido x PD, para todos os quatro híbridos (Híbrido 1 = AQUAmax^{TM} P1151, Híbrido 2 = P1162, Híbrido 3 =AQUAmax^{TM} P1498, Híbrido 4 = 33D49), e cada nível de densidade de plantas (PD1 = 79.000; e PD2 = 104.000 pl ha^{-1}), quando calculada a média das 4 taxas de N em 2012

2012	Stover Zn		Zn em grão		Grão Cu		Stover Cu		CuHI	
Híbrido	PD1	PD2	PD1	PD2	PD1	PD2	PD1	PD2	PD1	PD2
Hib 1	0.206 b	0.244 a	0.082 a	0.091 a	0.006 a	0.006 a	0,038 B a	0,040 A a	0.121 a	0.133 a
Hib 2	0.198 a	0.193 a	0.123 a	0.101 a	0.010 a	0.009 a	0,029 C a	0,030 B a	0.264 a	0.240 a
Hyb 3	0.257 a	0.227 a	0.117 b	0.206 a	0.006 b	0.010 a	0,042 Ab a	0,041 A a	0.128 b	0.184 a
Hyb 4	0.199 a	0.163b	0.195 a	0.196 a	0.008 b	0.010 a	0,048 A a	0,037 A b	0.165 b	0.249 a

Letras minúsculas diferentes nas linhas: o mesmo híbrido difere em densidades de plantas. Letras maiúsculas diferentes nas colunas: os híbridos diferem na mesma densidade de plantas a $p < 0,05$

Printed by Books on Demand GmbH, Norderstedt / Germany